意识心理学

The Psychology of Consciousness

郭全红◎著

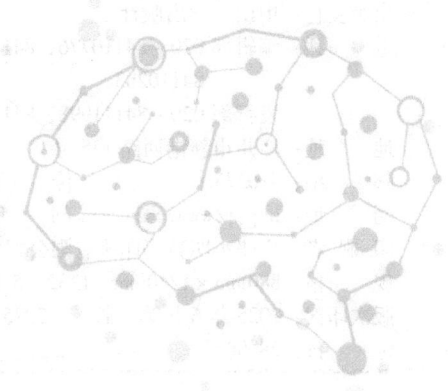

版权所有　翻印必究

图书在版编目（CIP）数据

意识心理学 / 郭全红著. -- 广州：中山大学出版社，2025.6. -- ISBN 978-7-306-08488-0

Ⅰ. B842.7

中国国家版本馆 CIP 数据核字第 20251U5G17 号

YISHI XINLIXUE

| 出 版 人：王天琪
| 策划编辑：李　文　刘　丽
| 责任编辑：陈生宇
| 封面设计：林绵华
| 责任校对：陈书坤
| 责任技编：靳晓虹
| 出版发行：中山大学出版社
| 电　　话：编辑部 020-84110776，84113349，84111997，84110779，84110283
|　　　　　发行部 020-84111998，84111981，84111160
| 地　　址：广州市新港西路 135 号
| 邮　　编：510275　　　　　传　真：020-84036565
| 网　　址：http://www.zsup.com.cn　　E-mail：zdcbs@mail.sysu.edu.cn
| 印 刷 者：广州小明数码印刷有限公司
| 规　　格：880mm×1240mm　1/32　5.875 印张　118 千字
| 版次印次：2025 年 6 月第 1 版　2025 年 11 月第 2 次印刷
| 定　　价：28.00 元

如发现本书因印装质量影响阅读，请与出版社发行部联系调换

序

在人类的知识体系中有三大内容：一是世界的起源，二是生命的起源，三是意识的起源。如果说世界的起源是指物质的本质，那么意识的起源就是人的心理的本质。

《健康中国行动（2019—2030年）》之"心理健康促进行动"提出了几项指标，其中"居民心理健康素养水平"要在2030年达到30%。行动计划方案明确提出，要使国民了解心理健康知识，提高心理健康意识，掌握心理健康技能，从而提高全民的心理健康素养水平。要实现这一目标，就需要广泛普及心理学知识，引导大众充分认识心理健康与健康的关系，树立和践行"没有心理健康就没有健康"的理念，强化"每个人都是自己心理健康第一责任人"的意识，形成全社会人人都学点心理学、关心心理健康的氛围。

郭全红副主任医师是精神科专家兼心理治疗师，具有丰富的精神心理科临床经验，除诊治了大量的精神障碍患者外，也接待了大量有心理、情绪及行为问题的来访者。他在采用常规临床专家施用的生物学治疗的同时，也采用专业的心理咨询和心理治疗方法。功夫不负有心人，郭医师凭借 20 多年的一线临床医学和临床心理学工作经验，参阅了古今中外大量的专业文献，在深刻研究、领悟人的意识与心理的理论基础上，探讨了不同的意识模型，总结出了以意识为主线的心理学理论架构，为理解心理学开辟了一个新视角和一条新渠道，有助于扩展我们对意识和心理学的认知和应用。因此，我非常高兴并荣幸地向广大读者推荐这本书，也相信大家能开卷有益。

贾福军
广东省心理健康协会会长
中国民族卫生协会心理健康分会主任委员
2024 年世界精神卫生日于广州

前　　言

"意识"这个话题原本属于哲学家们、心理学家们热衷探讨的主要内容。我是长期在精神心理专科门诊一线工作的普通临床医生，一直对于很多基础性的问题非常关注，因为我深知基础理论对于一个学科发展的重要性，所以我乐于研究。我闲暇的时候经常发呆，时常在门诊间歇时思考一些看似无聊的问题，但事实上我认为这很有意义。关于意识的问题原本在心理学上应该是最为基础的问题，但在工作之余的学习中我发现在很多心理学专业书籍中，关于意识的内容经常被放在一个不起眼的角落，还常被拿来与注意放在一起论述，而且对于其解读和定义在我看来也不尽如人意。我个人以为，意识在心理学中原本应该是引领性的，它应该是心理学的基础架构，心理学便在这个基础架构上开花结果，枝繁叶茂。但可惜的是，这个架构并没有被重视，因而心理学的很多内容显得比较零碎散乱。我希望自己关于意识的一些思考可以为意识基础理论架构的建立做一些尝试，于是便持续对意识相关内容进行不断的思考与整理。

我于2002年大学毕业后进入中山市人民医院工作，

2008年前后基于从事临床工作的需要，经常遇到各种各样的睡眠障碍患者。于是，我逐渐地对睡眠问题越来越感兴趣，也逐渐开始深入思考。这期间，我为了深入理解睡眠，也不得不开始同步思考心理学的基础命题——意识到底是什么，只有大致清楚何为意识，或许才能理解睡眠的全貌。2018年，我的第一部医学专著《睡眠解析》由世界图书出版公司出版，书中已经构建出了清晰明确的理论框架，其中对意识的深入思考尤为关键。但是，《睡眠解析》中关于意识的内容侧重于更好地理解睡眠。因此《睡眠解析》中这部分内容可能过于繁杂，以至于有部分读者反馈说"有些内容看不懂，似乎内容有些杂乱"。这让我意识到一本书中呈现两部分不同核心内容可能是不适当的，也因此有了单独专门论述意识内容的想法，于是便撰写了这本《意识心理学》。我希望在本书中能系统、完整、深入地专门论述意识的理论框架，同时能搭建心理学的理论框架，为心理学的建设与发展添砖加瓦，略尽些绵薄之力。

在此非常感谢贾福军教授在百忙之中为本书作序。同时非常感谢许淑芳小姐在本书插图绘图方面的努力与付出。

郭全红
2024年秋于中山

目录

第一章　心理学与意识概述／1

第一节　意识的概念／1
第二节　意识与生命／5
第三节　人类生命历程的五维架构／9

第二章　心理学与意识的理论模型／17

第一节　当代心理学中的意识／17
第二节　心理学中的意识理论模型／26

第三章　意识的物质基础／31

第一节　遗传物质／33
第二节　神经系统／36
第三节　内分泌系统／40
第四节　意识的生物学基础／45

第四章　意识的信息流 / 48

　　第一节　意识的输入信息——感觉 / 49
　　第二节　意识的存储信息——记忆 / 60
　　第三节　意识的输出信息——表达 / 66
　　第四节　意识信息流的转化与相互关系 / 78

第五章　意识的程序流 / 81

　　第一节　需要与意识程序 / 81
　　第二节　警觉 / 98
　　第三节　情绪与情感 / 106
　　第四节　动机 / 114

第六章　意识结构 / 120

　　第一节　基础意识 / 121
　　第二节　高级意识 / 123

第七章　意识水平 / 132

　　第一节　意识水平的生物学指标 / 132
　　第二节　觉醒 / 135

第三节　睡眠 / 136

第八章　意识的整体理解 / 141

第一节　对意识的多维和整体理解 / 141
第二节　注意与关注 / 145
第三节　对部分意识现象的理解 / 150

参考文献 / 176

后记 / 178

第一章　心理学与意识概述

第一节　意识的概念

我们能够看到小桥流水人家，我们能够听到风声雨声读书声，我们会讨论家事国事天下事，我们会回忆童年的快乐与曾经的伤痛，我们会思考当下的工作或学习任务，我们会幻想或规划未来，我们需要在某些时候压抑欲望，我们在梦中有着天马行空抑或是离经叛道的情节，我们知行合一地完成任务，我们的意识时刻都在感受着这个世界，而这些我们早已习以为常。我们每时每刻的所思所想、言行举止、愿望欲求、一颦一笑、一悲一喜，都是意识的体现。2002 年，我从家乡初到广东中山工作时曾遇到一个似曾相识的人，长得很像我的大学同学，但事实上并不是；我女儿小时候有一次被蜜蜂蜇伤后突发过敏反应，送医的途中，她的精神状态越来越差，呼吸越来越困难，那一刻我心急如焚，脑中不由自主地闪现令人绝望的画面，难以抑制泪水；一位女士来诊时说，自己的皮肤总会时不时地出现深色的色素沉着，过几天又会自行消失，她确信有鬼的存在，认为那是鬼给自己留下的印记。类似关于意识的现象大家司空见惯。我们能够感受到这个世界，我们拥有各自独特的丰富记忆，拥有各自不同的兴趣偏好，对于同样一件事，不同的人会有不尽相同的反应，我们会自我反思，会思考未来。这些都是意识的表现。

那么到底什么是意识呢？目前似乎还没有完全统一的定义。中文大型工具书《辞海》第六版中，对于意识是这样解释的：①与"物质"相对应的哲学范畴。指高度发展的特殊物质——人脑的机能和属性。客观世界在人脑中的主观映像。意识对物质的关系问题是哲学的基本问题。唯心主义哲学家将意识理解为物质世界的本原；唯物主义哲学家强调物质对意识的本原性。马克思主义哲学不仅肯定意识是人脑的机能，是客观存在的反映，而且强调人的意识一开始就具有社会性；意识不仅反映客观世界，并且通过实践创造世界，具有能动性。在哲学上，意识和思维有时是同义的概念，但意识一词的范围较广。在心理学上，意识一般指自觉的心理活动，即人对客观现实的自觉的反映。②大乘佛教唯识宗对内在的心识所作的八种分类（眼识、耳识、鼻识、舌识、身识、意识、末那识、阿赖耶识）之一。

哲学的基本问题是思维和存在、意识和物质的关系问题。马克思主义哲学认为，物质是标志客观实在的哲学范畴，是对一切可以从感觉上感知的事物的共同本质的抽象；而意识是物质的最高产物，是物质世界的主观现象。马克思说："观念的东西不外是移入人的头脑，

第一章 心理学与意识概述

并在人的头脑中改造过的物质的东西而已。"（卡尔·马克思，《资本论》第一卷，人民出版社1975年版）马克思主义在坚持物质决定意识、意识依赖于物质的同时，又承认意识对物质有能动作用。意识的能动作用是意识对物质的相对独立性的最好体现。

意识是心理学的主要研究对象。那么心理学对于意识是如何认识的呢？在大多数心理学家看来，意识被理解为"我们对自己和环境的觉知"，这种对于意识的理解显然是狭义的，但广泛存在。中文中的意识还可以是动词，如"我意识到我刚才做错了"，这里的意识有"感知、察觉"的含义。

《普通心理学》（彭聃龄主编，北京师范大学出版社2019年版）中这样阐述意识：意识是一个古老而难解的谜。迄今为止，人们对于意识还没有找到一个满意的定义。就心理状态而言，意识意味着清醒、警觉、觉察、注意等。就心理内容而言，意识包括可用语言报告出的一些东西，如对幸福的体验、对周围环境的知觉、对往事的回忆等。在行为水平上，意识意味着受意愿支配的动作或活动，与自动化的动作相反。例如，早晨起床后，一个人在选择穿哪一件衣服时，是受意识支配的，而穿衣服的动作本身通常是自动化的，不受意识的控制。在更高的哲学水平上，意识是一种与物质相对立的精神实体，由思想、幻想、梦等构成。

《心理学》（戴维·迈尔斯著，人民邮电出版社

2013年版）中这样论述：现在的大多数心理学家认为，意识是我们对自己和环境的觉知。

《现代心理学》（张春兴著，上海人民出版社1994年版）中这样论述：意识是一个包含多种概念的集合名词，其含义指个人运用感觉、知觉、思考、记忆等心理活动，对自己的身心状态（内在的）与环境中人、事、物变化（外在的）的综合觉察与认识。

心理学的主要研究对象是意识，显然心理和意识的概念一定存在很多的重叠。在大多数人看来，意识的概念范畴似乎要比心理大很多，心理只是可以被感知到的一部分意识。

医学中同样会涉及意识障碍等相关问题，因此对意识也有着相似但又不尽相同的各种理解和定义。

《神经病学》（王维治主编，人民卫生出版社2004年版）中这样论述：意识（consciousness）在医学中是指大脑的觉醒程度，是中枢神经系统（central nervous system，CNS）对内、外环境刺激做出应答反应的能力，或机体对自身及周围环境的感知和理解能力。意识内容包括定向力、感知力、注意力、记忆力、思维、情感和行为等，是人类的高级神经活动，可通过语言、躯体运动和行为等表达出来。

《沈渔邨精神病学》（陆林主编，人民卫生出版社2018年版）中这样论述：意识作为神经科学的一个学术名词，它代表了人或动物对外界环境状态的反应性——昏迷或有反应，睡着或唤醒，清醒或警觉。就人类而言，意识是指机体对自身和周围环境的认知和判断的功能，是精神活动的基础和先决条件，只有在意识清醒的状态下才有认知、记忆、思维等高级神经活动。中枢神经系统特定部位的结构完整与否与人的意识状况直接相关，其病变可导致从嗜睡、谵妄、昏睡到极度昏迷等各种程度的意识障碍，并且不同部位、不同程度和不同类型的病变可引起不同的意识障碍。

普通大众所理解的意识是相对狭义的、局限的。很多人将意识简单理解为自身感知到的一切，因此有人认为意识的本质是人脑对客观存在的反映。

那么到底什么是意识呢？至今为止都还没有一个清晰的定义。事实上，在很多学科中都存在一些很难定义的基本概念，例如，物理学中的"物质""能量"，我们很难用简单的定义将其描述清楚，但这似乎也能够理解。因为我们的所有复杂概念都是基于最基本的概念所构建的，所以对于这些最基本的概念也就很难找到更基础、更浅显、更明晰、更科学的描述方式了。但是，我们仍然需要对于一些基本概念进行归纳概括。

第二节　意识与生命

想要真正去理解意识，我们首先要谈一谈生命。什么是生命呢？如前文所述，很难定义。那么，我们不妨看看生命有哪些基本特征。第一，谈起生命，就意味着生命个体一定是存活的。存活是一个难以界定的概念，通常我们判断某种动物是否存活的简单方法就是看其对于刺激是否有反应，而判断某种植物是否存活的方法则是观察其生长变化，在根本上存活就意味着生命体会继续完成其生命历程。第二，生命过程是以个体生存及种系生存（繁衍）为基本目的的过程，小到细菌病毒，大到诸如人类、大象、鲸鱼等动物，基本上都会以个体生存和种系生存（繁衍）为基本目标。第三，不同生命个体或不同物种都拥有主动适应环境、主动从生存环境中获取物质和能量的能力，以利于自身的生存繁衍，也因此同时在改造着环境，并相对稳定地与环境保持着某种物质与能量交换的平衡，适应环境与改造环境同步存在。第四，每一种生命在一定时期内都有着相对固定的物质构造。

我们可以对动物的生命循环做一个梳理。感觉（环境刺激）是意识的原材料，是构建生命意识的基础，也是个体识别环境、适应环境的基础；摄入物质是躯体的原材料，是构建生命体躯体的基础。意识调控躯体，产生内部的生理生化调控和外部的动作行为调控，进而支配躯体产生行为活动，以满足生命体的各种需要，包括个体生存和繁衍，周而复始直至个体死亡。例如，一只羚羊在孕育伊始就携带着大量的遗传信息，它出生后就

第一章　心理学与意识概述

开始不断感知着周围的环境，被照顾养育的同时也在不断地学习和记忆，寻找、识别、获取适合自己的需要的食物和水，也会不断地识别危险、躲避障碍，通过个体自身的行为活动来满足自身生存和繁衍的需要，周而复始直至因衰老、疾病或被猎杀等原因而死亡。

那什么是意识呢？首先，意识必须是基于一种动物的存活状态；其次，意识更着重于动物神经系统的状态；最后，意识属于一种功能状态而非物质结构状态。因此，我们可以这样理解意识：意识是动物的神经系统调控过程。动物的脑神经系统受到营养物质、能量及相关血液循环等多种因素的影响，因此意识与躯体无法分离，必须是一个整体。

我们可以尝试着也对植物的生命循环做一个梳理。例如，一颗携带着遗传信息的种子降落在地面，环境适合的时候就会发芽，根系钻入泥土，植物会从环境中不断汲取营养，接受阳光雨露，以利于自身生长发育，直至个体成熟，然后开花结果，孕育出种子，再然后又自然散播，如此反复循环，直至因自身衰老、患病，被其他物种侵袭、破坏、食用，或其环境变得不适应个体生存等原因而死亡。在植物的生命过程中，遗传物质携带的遗传信息就像意识一样，引导个体不断完成生命历程，循环往复，直至个体消亡。

显然，植物并没有像动物一样的神经系统，但并不能说植物完全没有意识。例如，我们可以观察到绿色植物的向阳现象，就像植物可以"看见"阳光一样，植物在不断地朝向阳光生长。事实上，植物虽然没有像动物一样的眼睛，但的确有某种感知能力而能够感受阳光雨露。因此，如果将意识的概念再进一步外延，意识可以从之前理解的"动物的神经系统调控过程"扩展为"生命体生存繁衍的调控过程"。无论动物、植物还是微生物，这种调控最根本上根植于遗传物质，在动物中尤其是脊椎动物中，这种调控更显自主性、机动性，表现为脑神经系统的功能。由此概念延伸，我们可以理解"所有生命体都存在意识"。因此，我们可以说植物有意识，藤蔓植物知道如何缠绕向上，向日葵知道如何跟着太阳转动花盘，含羞草的叶片被触碰后便会闭合；微生物有意识，知道如何复制自己；动物有意识，一只蚂蚁知道如何寻找食物，一条鱼知道如何躲避危险，一只鸟知道如何养育它的下一代；人类更有丰富且复杂的意识，可以未雨绸缪、想象未来。

综上所述，无论普通大众还是神经科学、心理学等专业人士，对于意识都有着相似但不尽相同的理解，大致可以分为狭义的和广义的。狭义的意识概念被理解为人脑对客观环境的感知。广义的意识概念可以理解为相对物质而言更高级的存在。意识能够使物质和能量有序流动转化，可以组织和驾驭物质和能量而使其为己所用，进而形成不同的生命循环。狭义的意识相对于广义的意识而言，仅仅是被理解为可以被个体觉察感知的那部分内容，或者是被理解为神经系统的功能，但这其实只是意识的一部分。心理学研究的基本对象就是意识，目前看来，心理学主要研究的是狭义的意识范畴。因此心理学的架构也同样可以理解为意识的架构。

第三节　人类生命历程的五维架构

我们理解人类生命的历程需要一个相对清晰且系统的理论架构。

每个人都是由躯体和意识构成的完整个体。躯体是由摄入的物质（包括食物、水、空气等）构建的，人的生长发育必须依靠摄入物质的转化和积累。这里所说的摄入的物质不仅包括饮食，也包括空气、药物等，涵盖了摄入躯体内的所有物质。意识是高于物质躯体的存在，通常我们用"心理"一词来表示，本质上来说可以视两者为同义词。但实际上，大多数人理解的意识含义更加广泛，而心理则通常被理解为能够被个体觉知的那部分意识，因而使用意识可能更为准确。环境刺激是意识信息的基本来源，环境刺激的本质是能量的传输，如光波、声波、力、化学能量等，环境刺激被个体以感觉的形式（如光刺激视觉、声波刺激听觉、力刺激触觉、化学能量刺激嗅觉和味觉等）输入大脑（输入信息）。感觉是躯体的功能，也是意识的主要原材料，形成记忆

（存储信息），再被大脑加工处理而成为各种表达信息（输出信息）。大脑的表达信息中非常重要的一部分就是行为指令，这些指令会控制躯体完成指令行为，这些行为通常都是为了满足个体的各种需要。行为由意识发出指令引导，而执行则由躯体完成。

我们作为生命体生存于客观环境之中。我们可以将我们的需要依据对象分为两类，第一类是对物质的需要，第二类是对能量的需要（图1-1）。物质是有形的，作为摄入物被生命体摄入后，随即进行复杂的加工转化。对物质的需要包括对水、食物、氧气、药物等的需要，这些物质会作为摄入物而被我们摄入躯体内。能量是无形的，能量作为环境刺激被生命体接收和感知，感觉是其主要表现形式。对能量的需要也是对感觉的需要，包括对适合的温度、湿度、声音、光线，美丽的事物，抚摸拥抱，性刺激等躯体感觉的需要。对于物质和

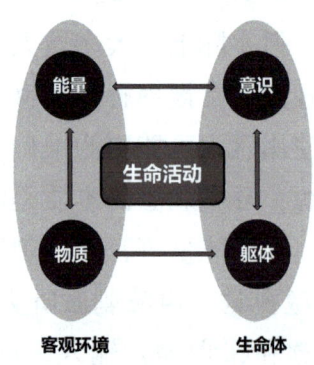

图1-1　生命与环境的交互（许淑芳绘制）

能量的需要都是最基础的，但对物质的需要容易被过度放大，事实上对于某种感觉的需要同样非常重要。

　　人体的结构非常复杂，这在各种医学专著中都有相关的详细论述。躯体摄入物质后，一系列的吸收、加工、排泄等生理过程同样非常复杂，不同的个体的生理过程也会存在差异。如果处于病理状态，躯体的上述过程则更加复杂，可能牵一发而动全身，体内的任何一个系统或器官都无法独善其身。躯体内在运转机制的先天差异需要我们接受和包容，而这种健康运转也需要我们以良好的习惯去保养，以便维持得更好。一旦出现病理状态，更加需要及时诊治，以便尽快使躯体恢复正常，避免机体损伤进一步加重，出现恶性循环。

　　意识也同样复杂，因此我不得不用整本书的篇幅去详细解析意识。意识对于环境刺激信息的输入、存储与表达等心理过程同样复杂，不同的个体差异也非常明显。如果意识处于病理状态，意识的上述过程就会出现障碍和差错，进而可能出现行为支配的混乱。意识内的主要运转机制除了受躯体基础的影响，后天的教育也影响深远。因此，个体既需要接受良好的教育，也需要足够的内省和及时纠错。意识一旦出现病理状态，更需要及时诊治，以便尽快使意识活动恢复正常，避免情绪或行为等障碍进一步加重，出现恶性循环。

　　俗话说"一样米养百样人"。不同个体的躯体对于摄入物质的处理具有差异性。我们即使呼吸同样的空气，进食同样的食物，身体依然会有差异化的内在运转。例如，同样的食物，有的人吃了安然无恙，而有的人吃了却会过敏、拉肚子。同样，不同个体的意识对于输入信息的处理也具有差异化。即使我们看到、听到同样的内容，也会有不同的关注点、不同的理解，而相应出现差异化的行为。例如，对于同样的半杯水，有人觉得"怎么才半杯水"，而有人觉得"我已经有半杯水了"，有人觉得这水甘甜而喜欢，有人则觉得这水寡味而不喜欢。更何况我们每个人摄入身体内的物质是不同的，我们每个人感知到的这个世界也是不同的，内在需要也差异巨大，因此我们每个人虽然有很多共同点，但又显得独特而与众不同。

人的各种需要往往以各种感觉的形式表达出来，感觉便成了我们所追求的直接对象，它像是我们自身各种不同需要的替身一样。任何环境刺激都会形成各种感觉，被我们所觉知。我们需要的感觉与环境刺激形成的感觉吻合时，往往意味着我们的需要已经被满足；而我们需要的感觉与环境刺激形成的感觉存在落差时，我们则会不断调控行为，以便获得需要的感觉。例如，我们对于保持体温的需要会以冷热的感觉表达出来，而客观环境状况也会使我们产生冷热的感觉。如果我们需要热一些（温暖）而环境也给了我们温暖的感觉，那么我们此刻的这种需要便得到了满足；如果我们需要热一些（温暖）而环境给我们的感觉却是寒冷的，那么我们便会想方设法提高环境温度或改善自身感觉来获得温暖的感觉。又如,渴感是机体对水分需要的表达,饥饿感是机体对食物需要的表达,性快感是机体对于性需要的表达,便意、尿意是机体对于排泄需要的表达,睡意是机体对于睡眠需要的表达。

因此,感觉往往是个体的各种不同需要的表达。大多数时候,我们所追求的感觉都代表自身真实的需要,但有时候也会出现错误或偏差。例如,躯体罹患糖尿病时,频繁的饥渴感使个体出现多饮多食,事实上却是身体的感觉信号因为疾病而出现了差错。又如,有些人对于物质财富的追求完全超越了其自身的真实需要而形成了过度囤积。这时个体行为的动机可能更多的是在于获取某种感受体验。

因此,人的生命历程可以这样来理解(图1-2):我们身处的世界由有形的物质和无形的能量所组成。作为生命个体的我们,则是由有形的躯体和无形的意识构成的完整的人。环境中的各种物质被我们以摄入物质的形式选择性地摄入躯体,开始了吸收、存储和物质转化、排泄等一系列处理过程,维持生理代谢和功能运转,促进生长发育和机体修复。摄入物质以气体(如氧气)、液体(如水)、固体(如米、面、肉、蛋、青菜等各种食物)等形式被机体摄入,构建我们的躯体,是我们躯体营养和能量的基本来源。同时机体也通过不同的解剖通道排出不需要的气体、液体和固体废物。环境中的各种形式的能量作为摄入能量进入意识，摄入能量被我们以感觉的形式所接收，感觉进入和构建我们的意识，成为我们意识的基本元素。感觉是躯体的功能，也是意识的主要原材料。光线、声音、压力、速度等能量形式形成不同的环境刺激，其中能量来源既包括外部环境，也包括内部环境。环境刺激以不同的感觉形式（如视觉、听觉、触觉、味觉、嗅觉、机体觉、动觉、静觉等）进入意识后，开始记忆、表达等一系列内在处理过程，维持心理功能。意识最终以生命活动的方式表达，生命活动由意识发出指令引导，而执行则由躯体完成，我们通过生命活动来获取各种自身需要的物质和能量，满足自身的各种需要，促使生命继续完成其历程。生命的五维循环是由需要引导驱动的，直至生命体死亡。

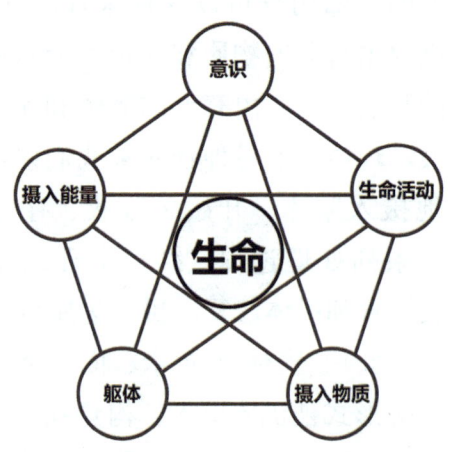

图1-2　生命的五维循环（许淑芳绘制）

第一章 心理学与意识概述

从图1-3所示的环境与生命的交互循环中可以看到，下层是物质层面的有序转化和流动，躯体是物质的一种表现，摄入物质进入躯体后在躯体内部产生各种新陈代谢活动；上层是能量层面的有序转化和流动，意识是能量的一种表现，摄入能量进入意识后在意识内部产生各种意识活动。下层的躯体可以理解为是上层的意识的基础。左侧是客观环境，右侧是生命体，生命体通过生命活动与客观环境产生互动，生命体可以在客观环境中生存，是因为客观环境中存在生命体需要的物质与能量，生命体通过生命活动来满足自身的需要，而生命活动是由意识驾驭躯体来实现的。由此，生命体与客观环境之间产生物质和能量的交互循环，生命体为适应环境而在不断进化，客观环境也在生命体的影响下不断发生变化。

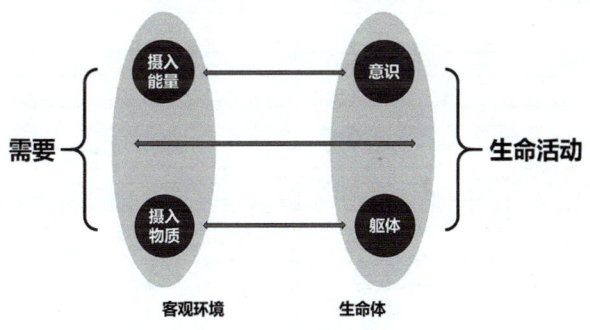

图1-3 环境与生命的交互循环（许淑芳绘制）

生命体的本质需要只有两个，其一是对物质的需要，其二是对能量的需要，两者之下继续不断分化出各种纷繁复杂的具体需要。在生命体各种需要的驱动下，个体驾驭物质和能量，使其不断地有序转化和流动，既有物质层面的转化，也有能量层面的转化，还有物质与能量的转化。物质与能量的这种复杂而有序的运动维持生命的生生不息。本书中我们所讨论的重点是建立在躯体基础之上的上层建筑——意识，也就是心理现象，只是内涵更加广泛罢了。

第二章　心理学与意识的理论模型

第一节　当代心理学中的意识

我们想要真正认识和了解一个人并非易事，不仅要知道他的姓名、身材样貌，也要了解他的职业、爱好、生活习惯、脾气性格、人生观、价值观等，还要知晓他的家庭出身等。对于意识的理解也同样如此，从不同角度全面了解与剖析意识是非常必要的，只有这样才能真正理解意识。

意识是心理学的基础问题。心理学图书的目录往往可以反映作者对于心理学研究对象——意识的整体理论架构。不同书籍的理论架构差异很大。下面我们列举一部分国内出版的比较常见的普通心理学书籍（表2-1至表2-7），从其目录中了解一下作者对于心理学理论的整体架构以及意识在其理论体系中的位置。

表2-1 彭聃龄《普通心理学》章节目录

书　名	章　名	
《普通心理学》，第五版，彭聃龄主编，北京师范大学出版社2019年版	绪论	第一章　心理学的研究对象与方法
		第二章　心理的神经生理机制
	人的信息加工	第三章　感觉
		第四章　知觉
		第五章　意识和注意
		第六章　记忆
		第七章　思维
		第八章　语言
	行为调节与控制	第九章　动机
		第十章　情绪
	人的心理特性	第十一章　能力
		第十二章　人格
	活动与发展	第十三章　学习
		第十四章　人生全程发展

在表2-1这本《普通心理学》的目录中可见，最基本、最广义的意识概念被放在了第五章，并且和注意放在一起进行论述。

表2-2　《津巴多普通心理学》章节目录

书　名	章　名
《津巴多普通心理学》，第七版，菲利普·津巴多、罗伯特·约翰逊、薇薇安·麦卡恩著，机械工业出版社2017年版	第一章　心理、行为和心理科学
	第二章　生物心理学、神经科学与人的本性
	第三章　感觉和知觉
	第四章　学习与人类教养
	第五章　记忆
	第六章　思维和智力
	第七章　心理发展
	第八章　意识状态
	第九章　动机与情绪
	第十章　人格：有关人的理论
	第十一章　社会心理学
	第十二章　心理障碍
	第十三章　心理障碍的治疗
	第十四章　从应激到健康与幸福

在表2-2这本《津巴多普通心理学》的目录中可见，其第八章专门论述了意识状态，被置于"心理发展"和"动机与情绪"之间。

意识心理学

表2-3 张钦《普通心理学》章节目录

书　名	章　名
《普通心理学》，第五版，张钦主编，中国人民大学出版社2019年版	第一章　心理学的性质
	第二章　心理现象的神经生理学机制
	第三章　感知觉
	第四章　意识
	第五章　学习
	第六章　记忆
	第七章　思维和语言
	第八章　动机
	第九章　情绪
	第十章　智力
	第十一章　人格
	第十二章　人的心理发展
	第十三章　心理障碍与治疗
	第十四章　社会心理与行为

在表2-3这本《普通心理学》的目录中可见，其第四章专门论述了意识，被置于"感知觉"和"学习"之间。

第二章 心理学与意识的理论模型

表2-4 罗伯特·费尔德曼《普通心理学》章节目录

书 名	章 名
《普通心理学》，英文版第11版，罗伯特·费尔德曼主编，人民邮电出版社2015年版	CHAPTER 1　Introduction to Psychology
	CHAPTER 2　Psychological Reseach
	CHAPTER 3　Neuroscience and Behavior
	CHAPTER 4　Sensation and Perception
	CHAPTER 5　States of Consciousness
	CHAPTER 6　Learning
	CHAPTER 7　Memory
	CHAPTER 8　Cognition and Language
	CHAPTER 9　Intelligence
	CHAPTER 10　Motivation and Emotion
	CHAPTER 11　Sexuality and Gender
	CHAPTER 12　Development
	CHAPTER 13　Personality
	CHAPTER 14　Health Psychology: Stress, Coping, and Well-Being
	CHAPTER 15　Psychological Disorders
	CHAPTER 16　Treatment of Psychological Disorders
	CHAPTER 17　Social Psychology

在表2-4这本《普通心理学》的目录中可见，其第五章专门论述了States of Consciousness（意识状态），被置于"Sensation and Perception（感知觉）"和"Learning（学习）"之间。

表2-5 《心理学导论——思想与行为的认识之路》章节目录

书 名	章 名
《心理学导论——思想与行为的认识之路》，第13版，丹尼斯·库恩等著，中国轻工业出版社2014年版	第一章 什么是心理学
	第二章 神经系统与心理学
	第三章 毕生发展
	第四章 感觉、知觉和现实
	第五章 意识
	第六章 学习类型
	第七章 记忆
	第八章 认知
	第九章 智力
	第十章 动机与情绪
	第十一章 性别与性
	第十二章 人格
	第十三章 健康心理学
	第十四章 变态心理学
	第十五章 心理治疗
	第十六章 社会心理学：思考和影响
	第十七章 亲社会行为和反社会行为
	第十八章 生活中的心理学

在表2-5这本《心理学导论——思想与行为的认识之路》的目录中可见，其第五章专门论述了意识，同样被置于"感觉、知觉和现实"和"学习类型"之间。

第二章 心理学与意识的理论模型

表2-6 《心理学导论》章节目录

书 名	章 名
《心理学导论》，韦恩·韦登著，机械工业出版社2016年版	第一章 心理学发展简史
	第二章 心理学的研究方法
	第三章 行为的生物学基础
	第四章 感觉和知觉
	第五章 意识
	第六章 学习
	第七章 记忆
	第八章 语言和思维
	第九章 智力与测量
	第十章 动机与情绪

在表2-6这本《心理学导论》的目录中可见，其第五章专门论述了意识，也被置于"感觉和知觉"和"学习"之间。

表2-7 《心理学》章节目录

书　名	章　名
《心理学》，第9版，戴维·迈尔斯著，人民邮电出版社2013年版	第一章　对心理科学的批判性思考
	第二章　心理的生物基础
	第三章　意识与心理的双通道
	第四章　天性、教养与人类的多样性
	第五章　人的发展
	第六章　感觉与知觉
	第七章　学习
	第八章　记忆
	第九章　思维与语言
	第十章　智力
	第十一章　动机与工作
	第十二章　情绪、应激与健康
	第十三章　人格
	第十四章　心理障碍
	第十五章　心理治疗
	第十六章　社会心理学

在表2-7这本《心理学》的目录中可见，其第三章专门论述了意识与心理的双通道。

从以上举例的部分心理学专业书籍的目录，可以了解作者对于意识整体架构的理解。除了概述，心理的生

第二章　心理学与意识的理论模型

物学基础基本都被放在了第一部分，这说明了学界基本认同"物质是意识的基础"这一基本论断。人的信息加工（包括感觉、知觉、记忆、思维、语言等）一般被置于第二部分，感知觉则被理解为讨论意识的最基础问题。第三部分则大多在论述行为调控方面（包括情绪和动机等）的内容。这三大部分内容当然是意识的主体内容，与我即将要论述的"意识的物质基础""意识的信息流"和"意识的程序流"基本吻合，但除此之外应该还有意识水平和意识结构。

再看回关于意识概念的相关内容，可见当下的情况是：或许是因为对于意识理解不足，意识仅仅被看作心理学理论架构中的一小部分。作为心理学研究的基本对象，意识并没有形成统一的理论架构，大多被置于感知觉之后论述，可见当下大多数心理学家对于意识的理解是不够全面、有局限的。不同普通心理学专著的论述板块也存在碎片化、缺乏整体性、缺乏逻辑连贯性的问题。原本意识的概念应该具有统领性（而非被统领），意识的理论模型架构也应该成为心理学的基本架构（意识不应该只是心理学架构中的一环）。缺乏关于意识的整体理论框架，这对于心理学的科学发展是稍显遗憾的。

第二节　心理学中的意识理论模型

在科学研究中，模型研究具有重要的意义。模型是指按照科学研究的特定目的，以物质形式或思维形式对原型客体本质关系的再现。通过模型研究来获得关于原型客体的知识，是现代科学常用的一种方法。任何客观事物总是处在多种因素交错、复杂纷乱的状态中，从而使得人们在深入研究某个问题时，常面临难以入手的困难。模型研究能够使人们暂时忽略那些次要的因素、过程和关系，将主要的因素、过程和关系突出地显示出来，以便研究者进行观察、实验和理论分析。也可以说，模型研究为观察者、研究者提供了对原型事物进行间接研究的可能性，并为科学假说提供了思想实验、逻辑证明的条件。作为一种认识手段，模型研究使思想建构与实验设定获得了逻辑和形象的规范，从而具有了稳定且比较严密的框架。在现代科学研究中，模型研究与理论研究存在着极为密切的关系。理论心理学家罗伊斯（Royce J.）曾指出，衡量一个科学理论解释力的关键在于考察其理论力的大小。理论力这一概念是指某一理论对观察到的现象进行解释的能力，可以划分为纲领性的理论水平、描述性的理论水平和解释性的理论水平这三种类型。（霍涌泉著，《意识心理学》，上海教育出版

社2006年版,第264 – 266页)

西方心理学家提出了很多种意识理论模型,对心理学领域影响较大。第一种意识理论模型是单因素模型,其是神经心理学的意识模型,主要研究代表有沙克特(Schacter D.)、尤米尔塔(Umilta C.)和沙利斯(Shallice T.)等学者。这种学说强调意识的单一性特征,即意识活动的模块化与一体化性质。人类在每一个时间里,都只能有一个意识内容;人的工作记忆每次也只能逐项地显示信息;基于人脑的构造特点,许多意识过程可以彼此平行地进行。第二种意识理论模型是认知多重表征模型,这是认知心理学的表征理论。心理表征是指客观信息在人心理活动中的表现和记载方式,表征既反映和代表相应的客观事物,又是内部加工的对象。当前西方心理学中,认知心理学的意识表征模型的理论建构,经过了从计算表征、语言表征到知识表征和神经表征的演进过程。这些不同的表征理论对意识的探讨从间接解释转向了直接解释。第三种意识理论模型是当前西方出现的一种新的意识科学解释理论,即巴尔斯的"意识统一场说",也称为"心理剧场模型"。这一模型的基本观点是:人的意识活动是一个容量有限的舞台,需要一个中央认知工作空间,它与剧场的舞台非常类似。意识作为一种大认识现象的心理状态,基本上有五种活动类型:一是工作记忆,就像剧场的舞台,主要包括"内心语言"和"视觉想象"两种成分;二是意识体验的内容，好比前台演员，在不同的意识体验内容之间显示出竞争和合作的关系；三是注意，如同聚光灯，它照在工作记忆这个舞台上的演员身上时，意识的内容便出现了；四是幕后的背景操作，由布景后面的背景操作员系统来执行，其中"自我"类似幕后背景操作的导演，许多普遍存在的无意识活动则构成了类似舞台的背景效应，背景操作员则是大脑皮层上的执行、控制系统；五是无意识自动活动程序和知识资源，组成了剧场中的"观众"系统。（霍涌泉著，《意识心理学》，上海教育出版社2006年版，第234－250页）

当前西方心理学视野中的众多意识理论模型，明显地体现了各自的优点。例如，单因素模型较好地揭示了人的意识活动过程和认知能力的有限性；认知多重表征模型阐述了人的意识活动的多样性、丰富性和复杂性；心理剧场模型从人类信息加工的整体工作空间展现了一个意识活动的大舞台；联结主义模型概括了意识活动的动态知识表征过程机制；神经达尔文主义描述了意识活动的神经元竞争模式；社会建构主义者则从后现代科学的有机论出发，揭示出人的意识活动的另一个侧面——以合作的互助论代替竞争论。此外，当代计算主义、神经心理学和知识表征理论成为各模型的理论基石。不同研究取向的心理学家们充分利用现代的人类科学知识和计算手段，比较清晰地描绘了"人类意识"这朵地球上最美丽的花朵的轮廓，展现了人类意识活动的基本类型和核心内容。目前，西方的大多数意识心理学模型属于描述性的理论，具有中等程度的解释力。哲学研究可能属于纲领性的，而科学理论的最高水平应该是解释性的。（霍涌泉著，《意识心理学》，上海教育出版社2006年版，第263－266页）

因此，我认为对于意识模型的理论重构，意义深远。其理论力应在描述性的基础上尽可能具有相当的解释性，让我们更加宏观地理解心理学的各个具体问题的意义所在，还可以在此基础上理解和解释更多、更复杂、更神奇的意识现象，以便从科学的角度破除长期以来迷信的曲解。

因此，我一直尝试构建关于意识的理论模型。怎么理解意识呢？受到计算主义取向的启发，经过反复斟酌、认真思考，我认为对意识可以从以下五个角度去理解：第一是意识的物质基础，第二是意识的信息流，第三是意识的程序流，第四是意识结构，第五是意识水平。

我们可以用水库模型来简单理解意识：如果把意识比作水的话，意识的躯体基础就是水库，水库承载着水。躯体是意识的物质基础，脑是意识的主要解剖结构。意识信息则相当于水的组成部分，其中包括流进的水（输入信息——感觉）、存储的水（存储信息——记忆）和流出的水（输出信息——表达）。意识程序基本等同于个体需要，相当于水库内部流动及其与外界交流互动的驱动力，它使这潭水成为活水而非死水，也使个体与外界形成联系互动（图2-1）。意识结构相当于水库水体的深浅分层，最底层是基础意识，"深不可见"，通常不被觉察，但它是最基础的；在其之上的属于高级意识，其中最上层是前台意识，"显而易见"，通常被明确觉察感知，这部分也是狭义的意识概念所指的范畴；中间层则属于后台意识，前台意识与后台意识会随着意识程序的变化而相互转化，基础意识作为基石承载着高级意识。意识水平相当于水库里的水位高低变化，觉醒时升高，睡眠时下降。当然，意识的理论框架也同样可以理解为心理学的理论框架。

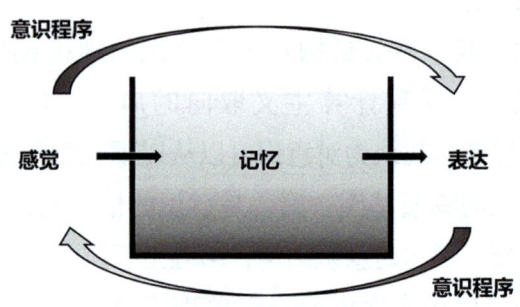

图2-1 意识水库模型（许淑芳绘制）

物质是意识的基础。意识是高于物质的一种存在。物质也因为意识的存在而产生了存在的意义。

第三章至第七章我们将分别论述意识模型的五个维度。

第三章　意识的物质基础

意识的物质基础是理解意识的第一个角度。从哲学角度而言，这样考虑问题（意识一定存在物质基础）很显然是基于唯物主义的哲学思路来论述的。当然，从科学角度而言，这也符合目前的基本科学判断。古语云"皮之不存，毛将焉附"。因此，意识必须存在一个客观的物质载体，即意识必须在物质基础上才能存在。在前面我们列举的各种权威的普通心理学书籍的目录中，我们发现心理的躯体基础都被放在最前面作为基础来论述，这也体现了所有编著者对于"物质是意识的基础"这一基本论断的认同（图3-1）。这在心理学学术领域并没有什么争议。

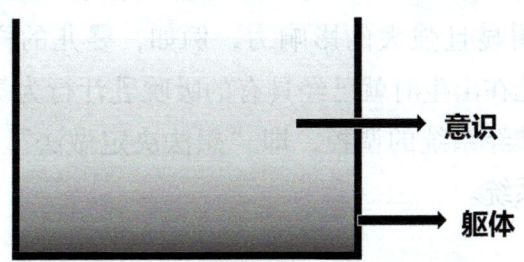

图3-1　意识的物质基础（许淑芳绘制）

物质可以脱离意识而独立存在，意识却不能脱离物质而独立存在。因此，可以将意识看作相对于物质而言更高级的存在。如果将物质与意识的关系以电脑来做一个类比，那么物质对应于计算机的硬件系统，而意识则对应于计算机的软件系统，两者的重要性难分伯仲，但显然软件系统是相对于硬件系统更高级的存在，而硬件作为物质基础，可支撑软件系统的运行。

人的躯体构造非常复杂，根据功能可以分为神经系统、循环系统、呼吸系统、消化系统、血液系统、泌尿系统、内分泌系统、生殖系统、运动系统、免疫系统等，各个系统之间相互影响、相互制约、相互促进、相互支持、相互协同，共同形成一个有机的整体。存活的生命整体是意识的物质基础。

支配调控动物意识行为的因素有很多，其中有三方面影响巨大：其一是遗传物质上的遗传信息表达，正所谓"龙生龙，凤生凤，老鼠的儿子会打洞"，遗传信息的表达在个体孕育、发育以及诞生初始的某些先天行为上具有明显且强大的影响力，例如，婴儿的样貌、气质，婴儿在出生时就已经具有的吸吮乳汁行为等。其二是中枢神经系统的调控，即"想法决定做法"。其三是内分泌系统。

第三章　意识的物质基础

第一节　遗传物质

基因是遗传的基本单位，决定生物的遗传性状。基因是具有特定遗传效应的脱氧核糖核酸（deoxyribonucleric acid，DNA）片段，基因的化学本质是DNA。亲代传递给子代的不是遗传性状，而是核酸分子。核酸是遗传物质，是长链状的生物大分子，携带着个体的遗传信息。核酸有两类，一类是脱氧核糖核酸，另一类是核糖核酸（ribonucleric acid，RNA）。DNA是人类和绝大部分生物的遗传物质，主要存在于细胞核中。RNA与遗传信息的表达有关，主要存在于细胞质中。

染色体主要由DNA和组蛋白组成，位于细胞核中，呈线状结构，是遗传信息的载体。染色质和染色体是同一种物质的不同存在形式：染色质是指间期细胞核内遗传物质存在的形式；染色体是细胞分裂时遗传物质存在的特定形式，是间期细胞染色质多级螺旋折叠的结果。人类体细胞为二倍体，即$2n$，含46条（23对）染色体，其中22对染色体为男女共有，称常染色体，另一对的组成与性别有关，称性染色体，女性为XX，男性为XY。配子为单倍体，即n，含23条染色体。一个体细胞中特定数目和大小的染色体称为核型。人类的正常核型是46，XX（XY）。

核酸是生物体内的高分子化合物，核酸的基本组成成分是碱基、核糖和磷酸。碱基包括腺嘌呤（A）、鸟嘌呤（G）、胞嘧啶（C）、尿嘧啶（U）和胸腺嘧啶（T）；胸腺嘧啶一般而言只存在于 DNA 中，不存在于 RNA 中；而尿嘧啶只存在于 RNA 中，不存在于 DNA 中。DNA 碱基组成具有如下规律：同一生物的不同组织的 DNA 碱基组成相同；一种生物的 DNA 碱基组成正常情况下不随生物体的年龄、营养状态或者环境变化而变化；几乎所有的 DNA，无论种属来源如何，其腺嘌呤数与胸腺嘧啶数相同，鸟嘌呤数与胞嘧啶数相同，总的嘌呤数与嘧啶数相同；不同生物来源的 DNA 碱基组成不同，表现为（A+T）／（G+C）比值的不同。核酸中的戊糖有核糖和脱氧核糖两种，分别存在于核糖核苷酸和脱氧核糖核苷酸中。核酸中戊糖的羟基与磷酸以磷酸酯键连接而成为核苷酸，核苷酸依据组成其的碱基种类不同而分为腺嘌呤核苷酸、鸟嘌呤核苷酸、胞嘧啶核苷酸和胸腺嘧啶核苷酸四种，依据参与组成的戊糖种类的不同又分为核糖核苷酸和脱氧核糖核苷酸。因此，核酸包括脱氧核糖核酸（DNA）和核糖核酸（RNA）两大类。

脱氧核糖核酸（DNA）是生物遗传的主要物质基础，而生物体的所有遗传信息均以遗传密码（三个核苷酸编码一个氨基酸的三位一体的核苷酸编码，也叫三联体密码）的形式编码在 DNA 分子上，一个基因就是一段特定的核苷酸排列顺序。生物体的世代繁衍其实也就是遗传信息的传递过程，遗传信息的传递必须经过 DNA 复制、转录和翻译。在细胞分裂时，通过 DNA 复制将遗传信息由亲代传递给子代。而遗传信息要表现出相应的遗传性状并发挥其生物学功能，必须经过进一步的转录和翻译。DNA 转录，是指在生命体中，以 DNA 的一条链为模板，以 ATP、CTP、GTP、UTP 为原料，在 RNA 聚合酶的催化下按碱基互补方式合成 RNA 的过程。通过转录，遗传信息首先被传递到 RNA。RNA 合成完成后，在 tRNA 及核糖体的协同作用下，根据 RNA 携带的遗传信息再合成蛋白质的过程称为翻译，最后由蛋白质执行各种生命功能，从而表现相应的遗传性状。（夏家辉主编，《医学遗传学》，人民卫生出版社 2004 年版，第 6－41 页）

DNA 存储着生物体的所有遗传信息，保持 DNA 分子的完整性至关重要。环境、体内的多种因素或微生物等都经常会对 DNA 分子造成损伤。但生物细胞同时存在修复 DNA 的能力，从而能够保持生物遗传的稳定性。另外，在生物进化中，突变又是与遗传相对立统一且普遍存在的现象，DNA 分子的变化并不是全部都能被修复成原样的，正因如此生物才会有变异、有进化。（夏家辉主编，《医学遗传学》，人民卫生出版社 2004 年版，第 60 页）

遗传物质就是遗传信息的物质基础。遗传物质上的遗传信息大多指向个体的躯体特征及原始本能，如身材、相貌、皮肤、生长发育、进食等，少部分指向个体的心理特征，如气质等。遗传物质上的遗传信息可以理解为最原始的意识。理论上，存在以遗传信息来存储和传递某部分记忆的可能。虽然这类原始意识的稳定性很强，但机动性很弱，应变相对缓慢，植物、微生物的意识基本上都属于此类。

第二节　神经系统

相对遗传信息而言，中枢神经系统所产生的意识活动的机动性显然要高很多，应变相对更快速，例如哺乳动物的意识大多属于此类。目前，意识最为强大的当属人类。

从解剖学而言，人的神经系统包括中枢神经系统和外周神经系统。

中枢神经系统包括脑和脊髓两部分。脊髓是中枢神经系统的低级部位，位于脊椎管内，是脑和周围神经的桥梁，来自躯干和四肢的各种刺激只有经过脊髓才能传导到脑，受到脑的更高级的分析和综合，而由脑发出的指令，也必须通过脊髓才能支配效应器官的活动。脊髓可以完成一些简单的反射活动，例如膝跳反射、肘反射、跟腱反射等。

第三章　意识的物质基础

人类意识的生物学基础通常被认为就是脑，脑是意识的发源地，是人接收、存储、加工信息的地方。从宏观角度而言，脑包括端脑、间脑、小脑、中脑、脑桥、延髓六个部分，其中端脑与间脑合称"大脑"，中脑、脑桥和延髓合称"脑干"。延髓与基本生命活动有密切关系，它支配呼吸、排泄、吞咽、胃肠等活动，又叫"生命中枢"。脑桥对人的睡眠具有调节和控制的作用。在脑干各段的区域中，有一种由白质与灰质交织混杂的结构，叫作"网状结构"或"网状系统"，按照功能分为上行网状结构（上行激活系统）和下行网状结构（下行激活系统）。上行网状结构控制着机体的觉醒或意识状态，与保持大脑皮层兴奋性、维持注意状态有密切关系。如果上行网状结构受到破坏，动物将陷入持续昏迷，不能对刺激做出反应。下行网状结构对肌肉紧张有易化和抑制两种作用，即加强或减弱肌肉的活动状态。丘脑和下丘脑共同组成间脑。丘脑是个中继站，也是网状结构的一部分，除嗅觉之外的所有来自外界的感官输入信息通过丘脑导向大脑皮层，从而产生视、听、触、味等感觉。下丘脑是调节交感神经和副交感神经的主要皮下中枢，对维持体内平衡、控制内分泌腺的活动有重要意义，对体温维持、血管收缩舒张、汗腺分泌和情绪调节等都有重要作用。小脑的主要作用是协助大脑维持身体的平衡与协调。在大脑内侧面最深处的边缘，有一些结构，它们组成一个统一的功能系统，叫"边缘系统"。边缘系统包括扣带回、海马回、海马沟、附近的大脑皮层，以及丘脑、丘脑下部、中脑内侧被盖等。从进化的观点来看，边缘系统比脑干、间脑、小脑出现得更晚些，在种系发生的阶梯上，哺乳动物以下的有机体没有边缘系统。边缘系统与动物的本能活动、记忆、情绪等有关。大脑分为左、右两半球，体积占中枢神经系统总体积的一半以上，重量约为脑总重量的60%，从进化的观点来看，大脑比脑干出现得晚，它是各种心理活动的主要中枢。大脑按结构分为额叶、顶叶、枕叶和颞叶四个区域，按功能分为初级感觉区（包括视觉区、听觉区和机体感觉区）、初级运动区和联合区（感觉联合区、运动联合区和前额联合区）。语言是联合区的重要功能。大脑左、右两半球在结构和功能上都有明显差异。语言功能主要定位在左半球，该侧主要负责言语、阅读、书写、数学运算和逻辑推理等。右半球主要负责知觉物体的空间关系、情绪及欣赏音乐和艺术等。但应该指出的是，大脑两半球的一侧优势并不是绝对的。

　　从微观角度而言，脑主要由神经元和胶质细胞组成。神经元即神经细胞，是神经系统的结构和功能单位，它的基本作用是接收和传送信息。神经元是具有细长突起的细胞，由胞体、树突和轴突三部分组成。人脑神经元的数量在100亿个以上。在神经元与神经元之间有大量的胶质细胞，总数在1000亿个以上。胶质细胞对神经元的沟通有重要作用，为神经元的生长提供了线路，并在神经元周围形成绝缘层（髓鞘），还持续给神经元输送营养，清除神经元间过多的神经递质。

外周神经系统则负责联络中枢神经系统和其他各系统组织器官，由躯体神经系统和自主神经系统组成。躯体神经系统分为脊神经和脑神经。脊神经发自脊髓，由脊髓前根和后根的神经纤维混合组成，共31对，脊髓前根的纤维属于运动性的，脊髓后根的纤维属于感觉性的，混合后的脊神经是运动兼感觉的。脑神经由脑部发出，共12对，按顺序为：1 嗅神经、2 视神经、3 动眼神经、4 滑车神经、5 三叉神经、6 外展神经、7 面神经、8 前庭蜗神经、9 舌咽神经、10 迷走神经、11 副神经、12 舌下神经。其中第1、2、8对神经分别传递嗅觉、视觉和听觉的感觉信息，第3、4、6、11、12对神经为运动神经，分别支配眼球运动，颈部、面部的肌肉活动和舌的运动。第5、7、9、10对神经为混合神经，三叉神经负责面部感觉和咀嚼肌运动，面神经负责面部表情、舌下腺、泪腺和鼻黏膜腺的分泌，并部分接受味觉的信息。舌咽神经负责味觉和唾液分泌等，迷走神经支配颈部、躯体脏器的活动及一般内脏感觉的输入。

自主神经系统由交感神经和副交感神经两个部分组成。交感神经和副交感神经在机能上具有拮抗性质，一般来讲，人们把交感神经看成是机体应付紧急情况的机构。当人们挣扎、搏斗、恐惧或愤怒时，交感神经马上发生作用，它加速心脏的跳动，下令肝脏释放更多的血糖，使肌肉得以利用，暂时减缓或停止消化器官的活动，从而动员全身力量以应付危急。而副交感神经的作用则相反，它起到平衡的作用，抑制体内各器官的过度兴奋，使它们获得必要的休息。

从生理学而言，脑干属于原始部分，控制包括呼吸、心跳等最为基本的生命要素。而大脑则属于新生部分，控制人脑的高级思维认知活动。在生物化学机制层面，复杂的脑神经递质影响着意识的方方面面。在精神药理学方面的发展也提示着意识的物质基础之重要。（彭聃龄主编，《普通心理学》，北京师范大学出版社2019年版，第52－72页）

中枢神经系统所产生的诸如感知、情绪、思维、认知等各种意识活动，以及由此引发的动作和行为，共同构成了意识最为重要的物质基础。

神经系统是有机体的一种重要的整合机制，它不仅保证了有机体的完整性，而且保证了有机体和环境的统一。

第三节　内分泌系统

人体的腺体有两类。一类是有管腺或外分泌腺。它的分泌物通过导管流入某种管道或皮肤表面。例如，汗腺将汗液排出体外，胃腺将胃液排至胃腔内等。另一类是无管腺或内分泌腺。它的分泌物由腺体细胞直接渗入血液或淋巴，并影响有机体内其他细胞的功能。由内分泌腺生成并分泌的生理活性物质叫内分泌物或荷尔蒙。内分泌腺对人类行为有很大影响，它可以影响身体的发育、一般的新陈代谢、心理发展、第二性征的发育、情绪行为和有机体的化学合成等。内分泌腺系统和神经系统是从共同的系统演化而来的。它们都是细胞间实现沟通的化学信使，神经递质对其邻近的细胞发生作用，这种作用是迅速发生的；而荷尔蒙对较远的细胞发生作用，这种作用是缓慢实现的。

甲状腺位于气管下端两侧，主要分泌甲状腺激素和降钙素。甲状腺激素是维持机体基础性活动的激素，生物效应十分广泛，能够促进生长发育，调节新陈代谢，影响神经系统、心脏、消化等器官的功能。甲状腺功能亢进，可使人食欲大增，但不增加体重，使人变得敏感、易激动紧张。相反，甲状腺素分泌不足则使人精神迟钝、记忆减退、容易疲劳。如果儿童甲状腺分泌不足，会使其发育停滞，骨骼和神经系统发育不全，表现为呆小症，症状包括身材矮小、智力落后、记忆和思维的发展不及正常儿童。

甲状旁腺所分泌的甲状旁腺激素和甲状腺 C 细胞分泌的降钙素以及皮肤、肝肾等器官联合作用生成的 1,25-二羟维生素 D_3 是共同调节机体钙磷代谢稳态的三种基础激素。胰腺主要分泌胰岛素、胰高血糖素、生长抑素等。胰岛素是促进物质合成代谢、维持血糖浓度稳定的关键激素。

肾上腺位于肾脏上方，左、右各一个。每个肾上腺分为皮质和髓质两部分。肾上腺皮质分泌肾上腺皮质激素，肾上腺皮质激素按其生理作用分为糖皮质激素、盐皮质激素和性激素类肾上腺皮质激素三组，它的作用主要是调节糖、蛋白质和脂肪代谢，维持体内电解质、水的正常含量，影响毛发、肌肉和第二性征等。人体如果缺乏肾上腺皮质激素，早期会表现为易于疲乏、衰弱无力、精神萎靡、食欲缺乏、体重减轻等症状。肾上腺髓质主要分泌肾上腺素和去甲肾上腺素。它的主要作用是兴奋交感神经，促使血压升高、心率加快、血糖升高、呼吸加深加快等，对有机体的物质代谢和应急反应具有重要调节作用。

男性的性腺叫睾丸，主要分泌雄激素，它促进精子的生成。女性的性腺叫卵巢，排卵前的卵泡主要分泌雌激素，排卵后的黄体主要分泌雌激素和孕激素，除此之外，卵巢也分泌少量雄激素和抑制素等。雌激素和孕激素对于女性生殖器官的结构和功能调节具有协同作用，影响和调节排卵、受孕和月经周期等。性激素还能促进第二性征的发育，如乳房的发育、音调的变化等。

脑垂体位于大脑底部，有一个漏斗形短柄，其与下丘脑相连。成年人的脑垂体约重0.5克，由腺垂体和神经垂体组成。腺垂体分泌生长激素、促性腺激素（黄体生成激素和促卵泡激素)、β-促脂素、促甲状腺激素、促肾上腺皮质激素、泌乳素、促黑激素等。中叶分泌黑素细胞扩张素，作用于皮肤的色素细胞。后叶分泌血管升压素（抗利尿激素）、子宫收缩素。如果摘除脑垂体会使幼小动物的生长停顿，甲状腺、肾上腺和性腺萎缩，性机能衰退，机体极度消瘦，排尿量明显增加等。脑垂体由于分泌的激素较多，并能控制多种不同的内分泌腺，因而被称为"主腺"。

下丘脑是间脑的最下部分，只有4克左右，不足全脑重量的1%，但在维持人体自身稳定中起到关键作用。下丘脑中的神经内分泌细胞具有神经和内分泌两种特征，也称为"神经内分泌换能细胞"。它和其他神经细胞一样对电兴奋、传导动作电位和起源于脑部的神经冲动起反应，对神经递质起反应。它同时具有内分泌的功能，能合成和释放神经激素。脑部等神经组织能合成及释放激素，尤其以下丘脑内浓度最高，除抗利尿激素和缩宫素（催产素）由下丘脑分泌后贮存于神经垂体外，由下丘脑等组织分泌的释放激素及抑制激素经垂体门脉系统进入腺垂体起调节作用。其中的激素包括促甲状腺激素释放激素、促性腺激素释放激素、生长激素释放抑制激素、生长激素释放激素、促肾上腺皮质激素释放激素、泌乳素释放抑制因子、泌乳素释放因子、促黑激素释放因子、促黑激素释放抑制因子及其他多种神经肽。下丘脑的生理功能复杂，主要包括：①调节垂体激素的分泌；②大脑皮质下自主神经的最高中枢在下丘脑，即交感和副交感神经受下丘脑调节；③在能量平衡和营养物的摄取、水的平衡、觉醒与睡眠、体温调节、情感行为、性的功能成熟和生殖、生物钟和调节心血管活动等方面有重要作用。（陈灏珠、林果为主编，《实用内科学》，人民卫生出版社2009年版，第1128页）

人体的下丘脑－垂体－靶腺轴在激素分泌稳态中具有重要作用。轴系是一个有等级层次的调节系统，系统内高位激素对下位内分泌活动具有促进性调节作用，而下位激素对高位内分泌活动多起抑制性作用，从而形成具有自动控制能力的反馈环路。（王庭槐主编，《生理学》，人民卫生出版社2018年版，第354－396页）

内分泌系统是一个重要的信息传递系统，参与体液调节，它与神经系统联系密切，相互配合，共同调节机体的新陈代谢、生长发育和生殖等生命活动，对维持内环境稳态起着重要作用。人体的主要内分泌腺包括垂体、甲状腺、甲状旁腺、胰腺、肾上腺、性腺等。散在的内分泌细胞主要存在于胃肠道黏膜、心、肾、皮肤和下丘脑等处。它们通过分泌的激素参与人体各种功能活动的调节，使各个系统活动适应内、外环境的变化，维持内环境的相对稳定。内分泌腺对人类行为有很大影响，包括影响身体的发育、一般的新陈代谢、心理发展、第二性征的发育、情绪行为、有机体的化学合成等。

神经系统也与内分泌系统紧密关联，两者偶联在一起共同调控着我们的身心活动。如果把中枢神经系统比作网络中枢，那么外周神经系统就如同网线，内分泌系统的激素就像是家中的 Wi-Fi 一样，它可以使信息传输和调控更加无缝连接。

第四节　意识的生物学基础

意识的物质基础除了上述的遗传系统、神经系统、内分泌系统外，还包括循环系统、呼吸系统、血液系统、消化系统、泌尿系统、骨骼运动系统、免疫系统和感觉系统等，也都是承载、支撑意识的重要物质组成，缺一不可。虽然前面我们着重讨论了遗传物质、神经系统和内分泌系统对意识的重要承载作用，但必须再次强调，我们的躯体是一个完整的整体，循环系统、呼吸系统、消化系统、血液系统、泌尿系统、生殖系统、运动系统、免疫系统、感觉系统等各个系统都不可能完全独立，它们各自主要行使不同的生理功能，和神经系统、内分泌系统、遗传系统彼此相互协调、相互配合，才能使个体更好地完成生命历程。一个完整的物质躯体系统才能更好地与意识产生协同互动，呈现生命的多姿多彩。

躯体的运行机制非常复杂，在此不再赘述，有兴趣的读者可以参阅其他相关专业书籍。形象地做个类比，意识的物质基础就像一幅画一样，画的背景、底色就像是遗传物质，画的主体就像是神经系统，而画的细节就像是内分泌系统一样，三者协调构成一幅完整的画作，表现出意识内容的丰富多彩。

通常而言，越低等的动物，遗传物质对其行为调控的参与度相对越大；越高等的动物，神经系统对其行为调控的参与度相对越大。对于动物而言，意识的主要物质基础就是神经系统。相对于遗传物质，神经系统的调控具有更强的机动性和及时性，人的适应性也因此变得更强。

前面我们主要是基于人这种生命体来阐述意识。但从本质上而言，其实不仅人具有复杂的意识，其他动物也存在复杂的意识活动，植物、微生物等其他生命体也都存在意识活动。不同的仅仅是基于不同复杂程度的生命体的意识活动复杂程度不同而已。

因为物质（躯体）是意识的基础，所以随着科学发展，关于意识的生物学解剖、生理生化机制可能会越来越清晰，而精神疾病的器质性病因（物质层面的机制）也可能会逐渐地被发现，精神药理学的发展也逐渐验证了某些精神活动可能的生理机制。换言之，精神疾病和功能性障碍在根本上仍然可以归结为生物学器质性疾病，只不过在一定的阶段人类的认识水平有限而已。但严格来说，人类对于意识和生命完美机制的探索不可能到达终点，只能说无限接近终点。试图完全通过生物学机制调控并影响意识可能是不必要的，甚至是徒劳的，原因在于意识也存在强大的反作用来影响生物学的物质状态。因此，我们虽然不应该夸大但应该足够重视意识的影响力，应该确信躯体与意识之间的影响是相互的。对于图3-1模型，我们也可以理解为水库陆基与水的的关系：水库陆基对水具有承载作用，而水对于水库陆基也存在相应的影响。

　　对意识的物质基础的研究属于自然科学的领域，尤其是生物学、生命科学或医学的范围。在心理学中，我们仍然需要明确"物质是意识的基础"这个基本的科学论断。

第四章　意识的信息流

人脑相对于计算机而言要复杂得多,但我们可以借用计算机的相关系统理论概念来理解意识。计算机系统的数据信息可以简单分为输入信息、存储信息和输出信息,相对应地,我们也可以将人的意识内容分为以下三大部分,分别用感觉、记忆和表达来表示——感觉对应于人脑的输入信息,记忆对应于人脑的存储信息,表达对应于人脑的输出信息。这三部分信息在人脑中不断流动转化,循环往复,形成信息流(图4-1)。下面我们对这三大部分分别进行论述。

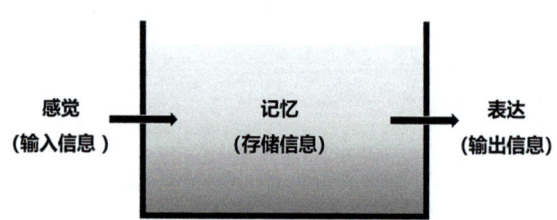

图4-1　意识的信息流(许淑芳绘制)

第四章　意识的信息流

第一节　意识的输入信息——感觉

一、感觉

感觉的重要性毋庸置疑。在本书第二章列举过的各种权威的普通心理学书籍的目录中,我们发现感觉大都被放在整本书的前面,一般在躯体基础之后论述,这体现了所有编著者对于感觉在心理学理论中重要位置的认同。

感觉是意识的输入信息。遗传物质携带的遗传信息是个体与生俱来的信息。严格来讲,这两者才是共同组成意识内容的根本来源。遗传物质所携带的遗传信息是始于物质层面的,是个体躯体原始存在的,也是躯体端由父母遗传导入的。感觉是人的意识活动的主要源头。感觉是身体感觉器官和感受器的功能,感觉器官或感受器是形成感觉的第一站。感觉器官由感受器、神经通道、感觉中枢三部分构成。感受器是生物体内一些专门感受身体内、外环境变化的结构或装置,结构种类复杂多样,游离神经末梢是最简单的感受器。感受器在人体中可以说无处不在。而更为微观的生化结构则是受体,某个受体仅仅能够与某个或某些配体结合并对其发挥效用,这或许是感觉的微观模型之一。感觉器官或感受器通过将特定的内、外环境刺激转化为生物信号,并经由神经传导通路传至中枢神经系统，从而感知内部环境和外部环境的变化，这类通路我们称之为上行投射系统。其在大脑中枢形成感觉，经过一系列复杂的信息加工处理后表达呈现并可能付诸言行。感觉对于意识的影响是巨大的，无论是觉醒还是睡眠状态下均是如此。如果人没有了感觉，那么意识将无从谈起，意识将成为无源之水、无本之木，也就不能称之为意识。

目前，心理学上通常这样来定义感觉：感觉是指客观刺激作用于感觉器官所产生的对事物个别属性的反映。感觉是人最基本的生理功能之一，也是最基本的心理现象。感觉是大脑接收的信息，这等同于计算机的输入信息，其重要性不言而喻。因此，感觉是人类其他一切心理现象的基础，是行为的导向，也是生存的基础。感觉主要是人体通过自身感觉器官或感受器接收到的所有刺激信息，包括来自视觉的、听觉的、味觉的、嗅觉的、触觉的、运动觉的、平衡觉的、机体觉的等各类信息，其中既包括来源于身体所处外环境的各种刺激，也包括来源于身体内环境的刺激信息。例如，我们看到的人、听到的音乐、尝到的苹果甜味、闻到的花香、感受到的腹痛、坐车时感受到的加减速和转向等。还有一种更高级的感觉，即个体对于自己意识活动内容和变化的察觉，这是从更高处对自身意识的感知。

感觉来源于环境刺激。广义上说，刺激泛指作用于生物体的所有环境变化，刺激作用于机体感官形成感觉，因此感觉显然来源于客观的内、外环境刺激。以生物学的躯体作为界限，身体以外的环境称为外部环境，外部环境包括光线、声音、气味、温度、湿度等，外部环境中的客观刺激通常可以与相应感觉对应，如噪声对应听觉、强光对应视觉；身体内部的环境称为内部环境，我们感受到的身体内部环境更加复杂，内部环境中的很多刺激在大多数时候难以找到严格明确的对应关系，因此内部环境刺激通常以感觉来指代，如"饥渴"或"心悸"。环境刺激无处不在，也不可能消失，这些刺激会使生命个体的细胞、组织、器官和机体发生反应。人类通过感觉与环境产生联系、形成互动，因此感觉也是躯体与内、外部环境联系的纽带。环境变化或环境刺激本质上都是不同能量形式的传播与变化，包括光波、声波、力、化学能量等，因此感觉所对应的是我们所处的能量世界。综上所述，环境刺激的本质是客观世界的各种形式的能量，感觉的本质是个体对能量的接收与摄入。

我们可以根据感觉的内、外环境指向将感觉分为外部感觉和内部感觉。外部感觉是由身体外部环境变化刺激引起的所有感觉，内部感觉则是由身体内部环境变化刺激引起的所有感觉。表4-1简单归纳了常见的一些感觉类型。

表 4-1 感觉分类

环境刺激	客观刺激	感觉	主要感官位置
外部环境刺激（外部感觉）	声音	听觉	耳
	光线	视觉	眼
	气味	嗅觉	鼻
	味道	味觉	舌
	温度	温觉、冷觉	皮肤粘膜
	压力或化学刺激	触觉	皮肤黏膜
内部环境刺激（内部感觉）	位置	运动觉	关节、肌肉、韧带等
	加速度、旋转	平衡觉	耳
	生理内环境刺激	机体觉	相应组织感受器

表 4-1 中的机体觉也称为内脏觉，是体内的各种感受器接收并感知躯体内环境中的各种物理与化学能量而产生的一大类感觉。由于人体内组织器官众多，在内环境的复杂变化下，不同器官受到的刺激和所产生的内脏觉形式多种多样。例如腹痛、腹胀、胸闷、心悸、头痛、头晕、咽喉异物感、肌肉酸痛、骨痛、体内发热发冷感等偏向病理性的机体觉，还有诸如饥饿感、渴感、饱胀感、尿意、便意、睡意、乏力感等偏向生理性的机体觉。机体觉也是一种预警信号或警报，提示机体内部

环境的生理性或病理性失衡，具有提醒个体及时调整行为以便保护机体的作用。

痛觉是一种比较复杂的感觉，并非单一感官的感觉。它是机体感受到伤害时所发出的预警信号，这种警报具有提醒个体保护机体的作用，以免机体受到进一步伤害或持续伤害。可以引起痛觉的刺激方式有很多，当任何一种刺激对有机体具有损伤或破坏作用时，都能引起痛觉，这类刺激包括机械的、化学的、温度的以及电刺激，等等。如前所述，环境刺激的本质是能量的传播，作用于躯体的能量强度超过一定程度或已经对躯体组织器官造成伤害时都可能出现疼痛感觉。痛觉的皮肤感受器是皮肤黏膜下各层中的游离神经末梢，这些纤维先穿过脊髓后跟到达后角的灰质，在这里交换神经元，然后沿脊髓—丘脑侧束止于丘脑神经核，再从丘脑发出纤维至大脑皮层。人的痛觉受多种因素的影响，如文化环境、经验的作用、人对伤害性刺激的认知、暗示的作用等。强烈且持久的注意有时也能减轻或增加疼痛。（彭聃龄主编，《普通心理学》北京师范大学出版社2004年版，第121页）因此痛觉的来源可能是诸如视觉、听觉、味觉、嗅觉、肤觉、温度觉、机体觉等，当环境刺激超过一定限度时就可能出现痛觉。痛觉也不仅仅是躯体感受到伤害时所发出的预警信号或警报，在消极情绪达到某种程度时也会出现痛觉体验。例如，当人失恋悲伤时，身体上会感到"心痛"，这是个体心理上受到刺激时产生的警报。总体而言，痛觉是躯体或心理受到伤害的预警信号或警报，这种伤害的阈值存在明显的个体差异。

通常情况下，消极感觉的出现可以被视为机体自我保护的预警信号。但由于个体在情绪状态、经验、认知与动机等方面存在差异，在某些情况下，人也会出现对消极感觉的渴求或主动尝试。例如，对于口感苦涩的苦瓜或黄连，人们品尝时虽然会产生偏向消极的味觉感觉，但很多人依然会主动品尝摄入。又如，某些人出现的自残或受虐行为，虽然这对于大多数人而言是一种伤害行为，但某些个体反而会从自残或受虐行为中体验到积极的感觉，继而会渴求或主动尝试。通常情况下，这可能需要进一步的调整、干预和治疗。

二、感觉的焦点

某一个感官在同一时间会接收很多种环境刺激，而其中只有少部分可以被感官明确清晰地感知。也就是说，有些感觉是存在焦点的，某个感觉器官同一时间接收到的所有环境刺激中被个体聚焦的某一刺激信息就是感觉的焦点。影响感觉焦点的因素有很多，包括感官的指向、环境刺激的强度、注意的指向、意识的主观选择等。感官的指向是指感觉器官对某一环境刺激的聚焦指向，如转动眼球、转头、动物转动耳朵等。注意是意识对一定对象的指向和集中，这通常表现为感官的聚焦。

例如，个体专注于老师的授课，对于其他的环境刺激就会变得模糊和迟钝。感觉的焦点往往与意识的指向相吻合，即感觉的焦点就是注意的焦点。在感官接收到的所有刺激信息中，如果某种环境刺激的强度相对较大，就比较容易成为个体感觉的焦点，如黑夜中的亮光、寂静中的声响等。个体意识的主观选择也会产生非常强大的影响，即使某个环境刺激的强度不大，但在主观选择下依然会成为感觉的焦点。

感觉的物理焦点在视觉中尤其明显。视觉焦点既包括视觉的成像焦点，也包括意识的关注焦点，两者大多数时候是重合的。例如，眼球会随着我们注意的焦点而转动，将视觉焦点置于注意焦点。但有时视觉焦点和注意焦点也会不同。例如，个体在余光注视时，其视觉成像焦点与意识注意焦点是不一致的，注意的焦点在视觉焦点之外，呈现模糊的视觉成像。

其他感觉器官的物理焦点指向则并不是非常明显。例如，听觉、触觉等感觉的焦点往往与环境刺激的强度、个体的注意焦点有关。例如，我们在教室听课时，如果突然出现强烈的噪声，我们的听觉焦点就可能转移至噪声那里；而如果我们的专注力足够，也可能对巨大的噪声"听而不闻"，听觉焦点依然不变。

三、感觉概念的外延

那环境刺激与感觉是否对等呢？很显然我们无法察

觉外部环境中的所有变化，大部分身体内部环境的变化我们也无法察觉。身体接收到的很多刺激我们并未察觉到，这部分刺激难道不是感觉、没有形成感觉吗？或者说难道这部分信息没有进入我们的意识中吗？因为目前心理学界将感觉定义为客观刺激作用于感觉器官所产生的对事物个别属性的反映，所以刺激不会小于感觉。刺激是等于感觉还是大于感觉？

再三思考后，我认为环境刺激必定能够产生感觉，但感觉却未必一定能被个体主观察觉，即个体感受到未必一定有相应的客观环境刺激（如幻觉），个体感受不到也未必就没有客观环境刺激。例如，有时当我们凭空"听到"被人议论，却实际上找不到客观证据，这种凭空产生的感觉通常被界定为幻觉。我们在专心做某件事时，我们对于皮肤的轻微擦伤浑然不觉，可能直到晚上洗澡时才发现而感觉到疼痛。我们在睡觉时虽然被蚊虫叮咬，但意识上并不能完全主观察觉，却可能会出现挠痒痒的动作。因此，我们可以把环境刺激与感觉同等看待。

四、感觉的意识察觉水平

在大多数情况下，我们经常将感觉认定为一定能被主观察觉，我认为这是不全面的。躯体的感觉器官或感受器接收各种内、外环境刺激，转换成神经冲动，通过专门的神经通路传至中枢特定区域而进入意识，但个体主观上未必能察觉。真正能够被意识察觉到的感觉可能是很少的一部分，大部分我们都没有能够及时察觉或无法察觉。我们把环境刺激与感觉同等看待，这样理解的话其实已经将感觉的概念内涵扩大了。

　　根据环境刺激被我们觉察的程度，我们可以大致将感觉分为三类：第一类是感而知觉，即环境刺激被躯体感觉到，同时也能被我们主观察觉到，这是大多数人对于感觉的理解，非常常见，如视而见到、听而听到、触而感到等；第二类是感而未觉，即环境刺激被躯体感觉到，但我们却没有主观察觉到，这就如同浑然不觉的身体擦伤一样，如视而不见、听而不闻、触而不觉等，又如身体内部内环境变化所形成的刺激其实在不断地被我们身体的各种感受器接收并输入神经系统而被自动化处理，但我们却很少觉察到，包括血压、心跳、胃肠蠕动等，只有在变化强度过大或病理状态下我们才会察觉到；第三类则是介于感而知觉和感而未觉之间的模糊地带，躯体感觉到了，但心理察觉却不明确，而是很模糊的，我们可以称之为感而微觉。环境刺激会被全部接收进入意识，但通常只有感官聚焦或意识关注的感觉才会被察觉，这部分属于感而知觉，而在感觉焦点外周则被模糊察觉（感而微觉）或无法察觉（感而未觉）。例如，我们眼睛的余光能模糊察觉到视野焦点之外的事物。又如，当你的视觉聚焦在"苹果"这两个字时，可能整一页的文字都会呈现在你的视网膜之上，但你看清楚的可能只是视觉焦点处的"苹果",这就是感而知觉,越往周边感知越模糊,这部分就是感而微觉,在视野的最外周可能完全察觉不到,这就是感而未觉。

环境刺激被心理察觉的程度与很多因素都有关,如感官及其局限性、神经系统的完整性、环境刺激的种类、刺激的强度、刺激的变化程度、与个体的距离、与感官焦点的距离、注意程度、个体的需要、个体对刺激的认知、个体的意识水平等。在躯体完整的基础上,刺激强度或变化越大,与个体距离越近,与感官或关注焦点越近,在觉醒状态下,环境刺激就越容易被个体察觉到。从这个角度而言,注意到和察觉到似乎是同义的。但两者仍然存在差异,能否注意是个体可以选择和可控的,而能否察觉则未必可以选择和可控。

感觉的作用如同监视系统,人的感觉相较监视系统的优势在于,不但能监视外周环境,还能监视自身内部的变化。产生感觉的来源主要有两个方面,第一个方面是外部环境刺激形成的感觉,这种感觉监测外部环境的状况,如环境威胁、冷热、风雨、食物、水、障碍等,对于外部环境的感觉会提示个体及时调整自身行为活动。第二个方面是内部环境刺激形成的感觉,这种感觉监测自身内部的状况,包括血压、血糖、呼吸、循环等基本生理信号,还包括饥饿、口渴、便意、身体不适等复杂信号,这些通常是身体内部环境变化的预警信号,提示个体及时预备满足自身生理的需要。总而言之,感

第四章　意识的信息流

觉的基本功能是辨识并察觉躯体内、外环境变化，收集信息，对个体行为活动产生指引作用。

在此我们将感觉的内涵扩大，将感觉概念外延为所有环境刺激或环境变化，感觉是所有内、外环境刺激被机体接收后进入意识的信息，其中只有少部分意识输入信息被个体所察觉。被意识主观察觉的这部分感觉才是狭义的感觉概念的内涵。意识主观察觉就如同显示器一样，显示的输入内容相当于感而知觉和感而微觉，未显示的输入内容则是感而未觉。

扩展而言，非动物的其他生命个体也有意识，也会存在输入信息，这部分我们似乎很难理解为感觉，但不可否认必定存在这个环节，这部分输入信息等同于感觉，我们暂且依然称之为感觉。很多绿色植物向阳向上生长，含羞草的叶片在被触碰后会立刻闭合，猪笼草的捕虫笼在虫子进入后盖子会闭合，这些都可以理解为植物"感觉"到环境刺激后的反应。生物进化的过程也是生命体对环境刺激产生的自我修饰过程，目的在于更好地适应环境。绝大多数植物都没有类似动物一样的对环境刺激的快速外显反应，但也有相对缓慢的外显反应，因此可以推定植物其实存在内隐的信息加工过程及外显的行为调控。例如，很多植物都具有向阳特性，会朝向阳光充足的一面生长；树皮上的刀割伤会逐渐结疤愈合；病毒的变异也可以理解为病毒遗传物质对环境变化做出的反应。

非动物生命体是否能够主观察觉环境变化（即个体接收到某个环境刺激信息，而且个体还清楚地察觉自己接收到了这个环境刺激信息），我们不得而知。或许由于缺乏相应的更高级神经中枢，我们推测其感觉可能都是感而未觉，即个体无法察觉，但会自动接收相关感觉信息并进行进一步的加工和输出。这种对环境刺激的信息加工基本上都是自动化、程序化的。

从本质上而言，非生命体也会存在"感觉"，即对某种环境变化或能量形式的接收。例如，摄像头可以接收环境中的光线变化，"感觉"到视觉信号；录音笔可以接收环境中的声波变化，"感觉"到听觉信号；智能手机可以接收屏幕受到的手指触动，"感觉"和触觉信号；等等。这些其实本质上都可以视为"感觉"。非生命体的感觉没有好与不好之分，而生命体的感觉则存在好与不好之分。例如，我们对于声音的感觉，有些声音让我们舒服，属于好的感觉，而有些声音让我们难受，属于不好的感觉，这与生命个体的需要密切相关。这部分后面我们会再着重讨论。

第二节　意识的存储信息——记忆

记忆是存储于脑中的所有意识信息，记忆就相当于计算机的存储信息。我们看到的事物、听到的声音、尝

第四章 意识的信息流

到的味道、闻到的气味、感到的疼痛等所有感觉，都会被输入脑中，立即存储起来，形成我们的记忆。我们绝大多数的记忆从根本上都来源于感觉。在广义的意识概念中，意识的存储信息除了记忆，还应该包括遗传信息。遗传信息可以理解为个体最为初始、与生俱来的意识存储信息。

记忆对于个体的生存至关重要。拥有记忆是个体为了更好地适应环境而生存下去所掌握的技能。"初生牛犊不怕虎"也许是因为初生牛犊还没有相关的经验记忆，便"无知者无畏"。小一些的婴儿由于还没有系统的记忆，所以对于塞入嘴中的任何东西都会产生吮吸动作，而大一些的婴儿则会根据自己的记忆来对塞入嘴中的物体做出经验性判断，如吃惯人奶的婴儿在口舌碰到橡胶奶嘴时会吐出来。

经验也属于记忆。顾名思义，经验就是个体经历过的体验，是个体生存过程中在成长、阅历、情感、人际、技能等各个方面产生的现实性体验所形成的记忆。经验与知识是相对的。例如，我在大学时期上课时学习到的关于抑郁症的理论知识就属于知识，进入临床工作后在抑郁症诊疗中有了现实性体验，这种知识也就逐渐演化为经验。经验相对于知识更容易被回忆和提取。

根据记忆对象的不同，记忆可以分为几大类：第一大类是对于客观的内、外环境刺激的记忆，这就是过去我们所说的、所做的、看到的、听到的等，如我们看到的电视新闻或感到的躯体不适；第二大类是对于自我意识活动的记忆，即过去的所思所想所感，其中包括感觉、情绪、情感、思维、想象等，如觉醒时的灵感、睡眠时的梦境。相对而言，对客观刺激的记忆容易被个体回忆起来，而对主观意识的记忆则容易被个体遗忘，可能原因在于客观环境对于个体的生存繁衍更为重要。

人类的记忆容量到底有多大，这可能是个未知数。由于研究方法有限，目前我们对于记忆的机制并不清楚。现有对于记忆的研究方法主要是根据我们回忆出多少来衡量我们记住了多少，即用"忆"来衡量"记"。就如同我们要衡量一个瓶子里总共有多少水，就用"能够倒出多少水"来确定"瓶子里原本总共装了多少水"，用倒出多少（回忆）来衡量存储了多少（记忆）。但这其实是不完全的，也并不客观，因为的确存在"虽然瓶子里有水，但倒不出来"的情况。这是研究方法的局限性所在。到目前为止，似乎没有其他更好的研究方法。

记忆的意识察觉是个体对于自身存储信息的察觉，即"我知道自己记住了什么内容"，回忆起的内容都可以被视为意识察觉的记忆内容。有一天，爱人问我，她的职业资格证书在哪里，我一时想不起来，但我确信一定在家里。家里的所有物品就像是我们的记忆一样，能够随时找得到、拿得出来的就像是回忆，还有些东西虽

第四章　意识的信息流

然已经存储，但自己未必能够即刻找到并拿出来。如果有些东西我们记住了但回忆不起来放在哪里，那么记住的东西就不能及时自由地为我所用，这必然会限制或影响我们的生活。如果家人经常收纳规整家里的物品，那么家人就大概率能够快速找到并拿出来，而自己在家找不到东西时就会习惯性地问家人了。记忆也是如此，有些记忆我们完全可以察觉，而有些记忆我们完全无法察觉，甚至可能认为自己从未知晓。对记忆的察觉也就是对记忆的提取是非常重要的。

如果个体察觉到自己的记忆，那就意味着个体正在提取记忆，因而个体察觉的程度与记忆提取的程度可能是相近的。察觉得越清晰，意味着回忆得也越清晰；察觉不到，也就意味着难以回忆。根据个体对于自身记忆的察觉程度，我们可以大致对记忆做出简单分类。第一类是个体心理能够察觉到的记忆，即记而可忆，这是我们大多数人对于记忆的认识，这部分记忆可以被随意主动运用，作为表达的现有材料可以被有意识地使用；第二类是个体心理无法察觉到的记忆，这部分记忆虽然可能已经被存储，但难以被个体主动回忆并提取出来，这部分记忆也是最难以验证的，难以被个体随意主动运用，作为表达的潜在材料可以被个体无意识地使用；第三类是介于上述两者之间的模糊部分，即记得模糊不清。

理论上完全存在以下可能，即我们感知到的一切都会被我们的意识所接收并存储。但这种所谓的"记住"意义有限。例如，拿进家门的所有东西都被存储在家中，但有些东西虽然知道放在家里却不知道具体放在哪里而无法拿来即用，这种"记而不可忆"的存储的意义就大打折扣。因此，我们在学生时期对于一些识记材料的专门背诵是非常重要的，这可以让我们对意识所存储的相关内容任意提取并随时使用，这种记而可忆的记忆就会更有价值。

彭聃龄的《普通心理学》提出一般将记忆分为外显记忆和内隐记忆两类。内隐记忆被描述为过去经验对个体当前活动的一种无意识影响，又可称为自动的、无意识的记忆。相对于内隐记忆，外显记忆是指过去经验对个体当前活动的一种有意识的影响。个体有意识地收集有关经验，用于完成当前的任务，这时的记忆就是外显记忆，也被称为受意识控制的记忆。外显记忆类似于前面所说的记忆中的"记而可忆"，即记忆中目前可以完全回忆的这部分，个体知道自己记住了，而且可以任意提取。内隐记忆类似于前面所说的记忆中的"记而不可忆"，即记忆中目前无法回忆的那部分，个体不知道自己记得或者认为自己没有记住，这部分无法任意提取，但在某些时候依然会产生影响，从而可以证实其已经被记忆而只是无法提取罢了。

回忆和遗忘是相对的两个概念。个体能够提取自己记忆中某些内容就是回忆。个体无法提取自己曾经可以

第四章　意识的信息流

回忆的部分记忆内容就是遗忘。影响记忆提取的因素很多，包括躯体状态、意识水平、专注程度、个体对记忆材料的兴趣和需求程度、记忆材料的新近程度、重复感知程度、记忆材料的属性、系统关联程度等。例如，经验相对于知识更容易被回忆。通常而言，在个体的生活中重复出现的事物比较容易被个体回忆起来，因为重复出现意味着对个体重要性的凸显；新近被个体感知的事物也比较容易被回忆起来，因为新近的事物对个体当下的影响更为明显；越被个体需要或感兴趣的东西就越容易被回忆起来，而被个体认为不够重要的东西则不容易被回忆起来。

根据前面的论述，环境刺激其实已经被我们的感官所接收并进入意识，已经转化成记忆或在加工处理，但我们并非都能察觉到这种变化。睡眠状态下个体的感官功能减退，通常对于低强度的环境刺激无法觉察，然而这些刺激信息仍会被接收进入意识并产生影响。

植物、微生物等动物以外的生命有没有记忆呢？答案应该是肯定的。我们可以把遗传物质上的遗传信息理解为最原始的记忆。植物在生存过程中还会根据生存环境进一步调整自己的生长，以便更好地适应环境而利于自己的生存繁衍。例如，兰花对于向阳面的感觉可能形成记忆，于是即使在黑夜里，兰花也会按照其记忆不断地向阳生长，逐渐生长得越来越歪曲（图4-2）。

图4-2 向阳长歪的兰花

我们可以大胆地推测,人脑的记忆容量可能是无限的。人脑能够将所有感知过的信息存储于大脑之中,但并非都能够完全回忆。在意识存储中提取信息需要消耗一定的能量,由于大多数信息对于个体可能是无用的,所以完全回忆也是不必要的。个体择取相对最为需要的信息来提取回忆,会使能量利用更加高效,这更利于其生存繁衍。

第三节 意识的输出信息——表达

一、表达概念的扩展

意识的输出信息就是中枢神经系统基于不同需要对

第四章　意识的信息流

输入信息和存储信息进行加工处理中或加工处理后的信息。

在百度百科上，表达被解释为"将思维所得的成果用语言等方式反映出来的一种行为。表达以交际、传播为目的，以物、事、情、理为内容，以语言为工具，以听者、读者为接收对象"。在《辞海》中，表达被解释为"传达思想、感情或意图的一种方式"。上述表达的含义主要是视、听、语言方面的表达。表达的中文含义主要指由内向外的外显性的信息通达，侧重于信息传输，如"说""写"等都是我们经常理解的表达。而"喜怒哀乐"等情绪外露、"衣食住行"等行为也大多被我们理解为表达。

事实上，在向外表达之前，个体的意识内部就已经有了不同程度的信息加工处理过程。因此，我们在这里需要将"表达"的概念外延扩展。表达的内涵包括意识内部的信息加工和意识由内部向外部躯体、环境的输出，因此表达的概念除了外显的表达，也包括内隐的信息加工、态度、意向等。因此，广义的表达概念应该既包括外显的表达，也包括内隐的表达。例如，一个男生对女生的爱恋，暗恋属于内隐的表达，见面时的紧张脸红是情绪表达，面对面地表白说出"我爱你"是语言表达，送花、买礼物、请吃饭、看电影等则是行为表达。又如，我们在考试的过程中，有审题的过程，有思考的过程，有验算的过程，有写答案的过程，这些都是表达。我们用"表达"一词来概括表示意识的输出信息，这类似于计算机的输出信息。

二、从信息传输角度理解表达

人类与其他动物最为不同之处就在于表达。从信息传输的角度，我们可以将表达简单分为内隐表达和外显表达。内隐表达是个体心理的感受、回忆、思维、意愿、需要、动机、认知、推理、判断、想象等，这部分信息基本上只有个体自己才能知晓，还没有向外传输，外显程度一般非常低，甚至是零。外显表达则是个体意识信息的外在表露，其中包括表情、语言、语气、声音、动作、姿势、行为活动等，一般能够被他人感知接收到，会不同程度地向外传输，外显程度一般比较高。外显表达无处不在，其在社会生活及人际交往中非常重要。例如，绘画、文学、音乐、舞蹈、影视、广告、媒体展示等都属于外显表达，这些形式对于我们而言已经司空见惯。

内隐表达是外显表达的基础，而外显表达通常是内隐表达的最终趋向。只有外显表达才能使动物个体更好地完成其生命历程，因此我们应该高度重视外显表达。动物区别于植物的重要特征之一就是"动"，"动"当然属于外显表达。"临渊羡鱼，不如退而结网"，这句话也是在强调行动力的重要性。列宁曾经说过，不能做"思想的巨人，行动的矮子"。

医学上，主要是依据表达的程度（主要是外显表达的程度）来判断意识障碍程度的。

三、从信息加工角度理解表达

从信息加工程度的角度，我们可以将表达分为未加工（原材料）、正在加工（半成品）和加工完成（成品）三个阶段。未加工的意识信息其实就是感觉信息和记忆信息，若这部分内容未经加工便直接输出，就形成了未加工的表达。例如，个体对环境的觉知（感而知觉）和回忆基本属于未加工的表达，个体对环境的感而知觉直接转化为表达，相当于"进什么，出什么"，而回忆则是对记忆内容的重现，相当于"有什么，出什么"。正在加工的意识信息是个体依据自身需要，在对感觉和记忆信息进行加工处理过程中所产生的意识信息，这就是正在加工的表达。对信息的加工，既有浅加工，也有深加工，两者并没有严格界限。应考作答属于浅加工的表达，而文学艺术创作、学术科研发明则可能属于深加工的表达。而加工处理完成的意识信息是个体按需完成加工的意识信息，这部分内容基本就处于等待执行的状态。

例如，在我的写作过程中，落笔前的思考过程属于内隐表达，写作时便开始了外显表达。书中有部分内容参考自其他专业书籍，完全引用，这部分属于未加工的表达。书中更多的内容仍处在不断的修改中，这个过程中的所有修改稿都相当于正在加工的意识信息。其中有对其他专家论点的解读评价，可以理解为浅加工，还有很多内容是自己创新性的理论建构，可以理解为深加工。完成写作，交付出版，书稿便成为加工完成的意识信息。这个过程中既有信息加工的过程，也有信息传输的过程，这都属于广义表达的范畴。

因此，我们将"表达"作为意识输出信息的代称，其中既包括"成品"，也包括"半成品"，甚至还包括"原材料"；既有内隐的（这是外显表达的前期准备），也有外显的，而且外显表达传输的范围广度也各有不同；有日记式的（这往往只给自己看），也有人际沟通式的（这通常会传播给社交友人），还有媒体传播式的（这经常会传播给媒体受众），其中包含了表达的不同程度或阶段。

不同个体对于同一个信息的加工可能是完全不同的。信息加工的方式可以类比为"算法"。例如，面对同一道数学题，不同人的解题思路、解题方法可能是不同的，但最终的答案却是一致的。

信息加工在本质上也可以看作是信息传输。例如，现有的原材料（记忆）在加工过程中，其本质上就是在工厂内部流水线上不同程度的半成品的输出过程，这如同内隐表达；而成品出厂后的物流运输直到最终到达消费者手中的过程，则如同外显表达。从这个角度来看，信息加工与信息传输并无本质不同。无论是内隐表达还

第四章 意识的信息流

是外显表达,无论是信息传输还是信息加工,表达都呈现一个连续性的谱,并不存在明确、严格的界限,因此不必刻意划分。

人们通过外显的行为来进一步表达内隐的心理,以满足自身的各种需要。多数情况下,内、外两者大体是一致的,当然也时常有"表里不一"的情况出现。长期的外显表达与内隐表达的"表里不一"对于个体的身心健康可能是不利的,这需要引起我们足够的重视。当然在理论上,外显意识的信息量通常会少于内隐意识的信息量,这种由内到外的信息传输渠道应该要保持多样、立体和通畅,这对于个体的健康也比较重要。外显表达相对于内隐表达通常存在不同程度的延迟滞后,两者并非绝对同步。所谓"三思而后行"能够生动地体现这种滞后性,而"心直口快"可能容易无意中伤害他人,但因过于担心"言多必失"而过于压抑自己,也容易伤害自己。个体对于自身的外显表达往往有一定的自我要求,通常在达到自我要求后,个体才会将自己的意识外显表达出来。例如,一个人在人多的场合表现得沉默不语,这并非他意识里没有任何想要表达的东西,而是他想要表达的东西还没有达到其要求或使其满意,因而个体选择继续内隐而不外显给他人。这就如同产品的出厂质量控制标准一样,标准太低,容易造成残次品太多而影响消费者的满意度;标准太高,则势必会影响产品出厂的量。这时,标准就需要权衡。

四、从信息内容角度理解表达

从信息内容的角度而言,表达包括思维、回忆、推理、想象、概念、表情、情绪情感、语言、行为等。

思维是意识表达的主要内容之一。思维是借助语言、表象或动作实现的,对客观事物概括的和间接的认识,是认识的高级形式。回忆是人们过去经历过的事情在头脑中重新出现的过程。表象是事物不在面前时,人们在头脑中出现的关于事物的形象。想象是对脑中已有的表象进行加工改造,形成新形象的过程,这是一种高级的认识活动。概念是人脑对客观事物的本质特征的认识。推理是指从具体事物或现象中归纳出一般规律,或者根据一般原理推出新结论的思维活动,前者叫归纳推理,后者叫演绎推理。(彭聃龄主编,《普通心理学》,北京师范大学出版社2004年版)从上述概念而言,表象其实就是一种形式的回忆。概念是一种定义或者标签。在普通心理学中,有些概念与记忆是相关或相似的。例如,在彭聃龄的《普通心理学》中,表象被定义为人在头脑中出现的关于事物的形象或者像图画一样的心理表征。依据这个定义,我们可以发现表象的本质仍然是记忆,是关于事物形象记忆的提取,这也是其中分类之一的记忆表象(在记忆中保持的客观事物的形象,如想起朋友的音容笑貌,见彭聃龄主编《普通心理学》,北京师范大学出版社2004年版,第257页)。而表象的

第四章　意识的信息流

另一分类——想象表象（在头脑中对记忆形象进行加工改组后形成的新形象，这些形象可能我们从未看到过，或者世界上还不存在，因而具有新颖性，见彭聃龄主编《普通心理学》，北京师范大学出版社 2004 年版，第 257 页）与想象（对头脑中已有的表象进行加工改造，形成新形象的过程，见彭聃龄主编《普通心理学》，北京师范大学出版社 2004 年版，第 284 页）的概念基本一致。想象的基本模式包括排列、组合、变形、放大、缩小等。因此，思维作为表达的内容之一，既包括未被加工的感觉和记忆，也包括进行过不同程度加工的思维内容。

最基本的表达是感觉的呈现和记忆再现。环境刺激信息进入意识后被感知就是感觉的意识呈现。回忆就是记忆再现。这都是最为基本的表达。

更高级的表达是对于感知觉和记忆的进一步加工，这是创造性思维。发明家做的表达经常就属于创造性思维。还有一些表达让人感到神奇，如预言的能力，有人会拥有神奇的预言能力，这让人不可思议。但如同天气预报一样，这在理论上是有可能的，其关键在于如何加工解码各种客观信息及算法。

情绪情感也是意识的重要表达内容之一。情绪情感与个体对于自身需要的满足状况或满足趋势有关，具体内容我会在第五章第三节中详细论述。这里我们主要讨论情绪情感作为表达信息的详细内容。

情绪情感在表达的维度上也存在内隐和外显两个方面。情绪情感首先当然是个体的内在体验,本质上是对自身需要满足状况或趋势的察觉。其次,情绪情感会在外显方面存在不同的表达程度。根据外显表达程度,可以从表情、姿势、动作、行为等几个方面来理解。这里所说的表情主要是指面部表情,姿势主要是指头颈、躯干、四肢的姿势和生理唤醒,动作包括肢体动作、发声动作,行为主要指连续性的动作。例如,一个人内心体验到紧张的情绪时,表情上是表现得比较紧张害怕的,姿势上表现为肌肉的紧张、肢体的拘束、心跳呼吸加快、汗液分泌增加等,动作上表现为手脚不自在地抖动或出现抠手指甲等,行为上则表现为回避倾向。

五、表达的工具——语言

语言是一种社会现象,是人类通过高度结构化的声音组合,或通过书写符号、手势等构成的一种符号系统,同时又是运用这种符号系统来交流思想的一种行为。语言具有创造性、结构性、意义性、指代性以及社会性与个体性等特征。(彭聃龄主编,《普通心理学》,北京师范大学出版社2019年版,第297-298页)

文字是最普遍、最常见的语言形式。文字根据所发源形成的国家或地区不同,种类很多,包括汉语、英语、俄语、法语、德语、西班牙语、日语、韩语等。英语主要起源于英国,由于殖民历史,除了英国、美国、澳大利亚、新西兰等国家也是以英语为官方语言。语言文字可以分为表音文字和表意文字。很多汉字都是象形文字，属于表意文字，英语属于表音文字。

语言的本质是信息交换的工具。因此只要存在信息流通，就应该被视为一种语言现象。如此理解可能是一种广义的语言概念。同类动物之间的不同叫声都可以视为动物特有的"语言"。宠物猫或宠物狗面对主人时，不同音调的叫声都是在表达不同的内容。

根据语言的表达媒介和感觉传输通道，可以把语言分为听觉语言、视觉语言、触觉语言、嗅觉语言等。听觉语言是最为通用、常见的语言形式，其以声音—听觉为表达传播通道，普通人每天都会通过口头语言或不同的声音来表达自己的心理活动。听觉语言也是很多动物常见的表达形式，它们可以通过不同的叫声表达其意识活动，交流信息。社会生活中音乐、歌曲、广播也是常见的听觉语言现象。视觉语言包括书面文字、姿势语言等，其以光线—视觉为表达传播通道，其中文字最为常见。手语也属于一种视觉语言。社会生活中书籍、报纸杂志、美术作品、海报、交通灯、服装等都是常见的视觉语言现象。在当今世界的大多数地区，人类的口头语言与其书面语言一般都存在对应关系，但直到如今，仍然有一些人类部落没有自己的文字，仅仅以口头语言传递信息。触觉语言以压力—触觉为表达传播通道，如盲人可以通过触觉感知盲文来获得相关信息，人与人之间会通过触碰不同身体部位来表达彼此的亲密程度。嗅觉语言以气味—嗅觉为表达传播通道，人类对香水的使用就是嗅觉语言现象之一。嗅觉语言尤其在动物界比较常见，很多哺乳动物都会以自己的气味（如以排尿、排便、吐口水等方式排出有特殊气味的物质）作为标记领地的方式。

  如果某种感觉通道出现障碍，就会影响个体对相应语言形式的学习和接收。例如，先天性听觉障碍的个体在听觉语言的学习中就会出现障碍，从而容易造成先天性失语，后天性的听觉障碍不但会造成听觉语言的接收障碍，还可能造成原本口头语言能力的退化。

  在人类社会中，语言对于群体相处及社会发展等各方面至关重要。其实动物也有自己的"语言"，但动物主要以声音、动作或气味等形式表现，此类信息的表达难以长时间存储，过后即消失，这可能在一定程度上限制了其智能的发展。人类主要通过听觉语言和视觉语言来表达和传递信息。结构化最为显著的当属视觉语言中的文字和听觉语言中的口头语言。视觉语言中的文字尤其重要，语言文字的出现和书写介质的发展使表达的内容可以被客观记录，起到了存储积累的作用，使不同时间的人进行交流沟通成为可能。例如，千年之前的岩壁图画仍然能被现代的人们所看到，几百年前的古书古画依然能被我们阅读。存储可以产生积累的效果，文字使思维在广度、深度等多方面有了更大的发展可能，因此文字可能是人类智能进化的关键所在。造纸术、印刷术作为中国古代四大发明之二,对于书籍的发展起到了明显的促进作用,也是对于世界文明发展的重要推动。书面文字能够使人类的知识体量实现积累性增长,使智能进步变得更为迅速。书籍和图书馆的出现和发展,是人类文明进步的有力佐证和重要基石。

高尔基说:"书籍是人类进步的阶梯。"莎士比亚说:"书籍是人类知识的总统。"列夫·托尔斯泰说:"理想的书籍是智慧的钥匙。"牛顿说过:"如果说我看得远,那是因为我站在巨人们的肩上。"我们阅读书籍是为了学习,是为了实现有益的改变。书籍是文字的载体,是知识的结晶,也是思想内容的积累与存储,其对于人类社会的发展进步具有重要意义。

语言是表达的重要工具和重要方式。语言可以使表达更加快速和高效。

六、表达的意识察觉水平

表达的心理察觉主要是个体对表达过程或结果的心理察觉。

根据被个体心理察觉的程度,我们可以将表达分为三类。第一类是我们可以完全心理察觉到的表达过程或表达结果,通常也是主观可以控制的,即"我知道我在表达什么""我可以控制我的表达""我知道自己是怎么思考的",这部分与我们通常所说的表达是类似的。

第二类是我们完全没有心理察觉到的表达，通常是主观上不能控制的，例如，"我不知道我在表达什么""我不能控制我的表达""我没有察觉到我自己的愤怒"，如做梦，"我不知道自己是怎么知道的""我不知道自己的思维过程或信息加工处理方式过程"；又如，某个记忆天才，自己不知道自己是如何记住的，但就是过目不忘，可以随时回忆起相关内容。第三类是介于前两者之间的模糊过渡部分，即"我不确知我在表达什么"。

第四节　意识信息流的转化与相互关系

与感觉、记忆和表达相对应的是输入信息、存储信息和输出信息，三者之间紧密联系，构成一个整体，互相渗透，互相转换，难以分割。感觉输入就会形成记忆，感觉输出和记忆提取都是比较基本的表达，而表达的过程也会成为新的刺激而被感觉和记忆，因此三者经常是相互转换的，很难严格地区分。感觉、记忆和表达三者之间是通过需要来串联的，三者缺一不可，否则就会失去完整性和有序性而丧失意义。感觉、记忆和表达三者不断地循环往复，不断地满足人的各种不同的需要，使人生存下去，直至生命终结（图4-1）。

举例说明：我看到"香蕉"两个字，脑内出现的首先是视觉上的"香蕉"的汉字，紧接着该视觉信息会即刻被记忆，再接着则是相关表达，表达的层次很多，可以是单纯的脑内感知视觉呈现，也可以是简单的记忆提取，如脑中想象香蕉的样子或味道，还可以是进一步的信息加工，如"我想吃香蕉""我以为吃香蕉可以改善心情"等。人类的表达非常复杂，由于不同个体的不同记忆和不同需要，即使相同的感觉也可能有不尽相同甚至完全不同的表达。例如，遵纪守法的公民对于警察或警笛声并不会感到很紧张，反而会感觉很安心，而作奸犯科的逃犯对于警察或警笛声则会表现出非常紧张而惶恐不安的样子。

感觉、记忆与表达三者基于需要的特定联结就是学习。例如，在认识香蕉时，我们就是使香蕉的实物与其通用命名"香蕉"形成相联结的记忆，在我们看到香蕉的实物时（环境刺激形成感觉），就会想起这是香蕉（表达）。学习香蕉的英文单词"banana"的过程就是"banana"的视觉信息（"banana"的字母拼写）、听觉信息（"banana"的发音）进入大脑，形成记忆，并与记忆库中的汉语词语"香蕉"（包括字形与发音）或现实中的香蕉实物相联结配对，最终学习到"banana"的拼读和含义的过程。在巴甫洛夫的经典条件反射试验中，铃声与食物的联结形成记忆后，单独的铃声也可以使狗出现胃液分泌的生理反应。现实生活中的学习都是非常复杂的联结过程，联结的意义在于将某些不同信息与输入记忆等价，以备表达所需。

意识对于所有的输入信息都会进行存储（记忆）与表达（包括信息加工与信息传输）。因此，任何输入信息都会对个体意识产生影响，这种"影响"是绝对的，而"没有影响"是相对的。输入信息对于意识的影响仅仅存在不同的程度而已，不存在完全的无影响。类比而言，记忆也是如此。任何记忆都会对个体的表达产生影响，只是程度不同而已。因此，我们需要对我们的输入信息和输出信息保持足够的警觉，并进行规范。

第五章　意识的程序流

第一节　需要与意识程序

一、生命的需要

我们可以发现，有感觉、记忆和表达的不是只有生命体。现在我们日常使用的智能手机就具有"感觉"功能，会对我们的触摸产生反应，可以直接在屏幕上手写输入，可以感知环境声音、光线而有了拍照、摄像、录音等功能；当然手机也有记忆功能，可以存储我们的照片、文档及其他各种信息；手机还有表达功能，我们可以提取出以前存储在手机里的照片、视频再次观看（回忆），也可以对照片进行加工美化、对视频进行剪辑（信息加工），还能将手机里存储的各种信息发给需要的人（输出信息）。但这就是意识吗？这的确属于我们前面讨论过的意识信息流，但如果仅仅如此是不完整的。我们可以想到，手机没有自身与生俱来的需要，没有欲望，没有渴求。这与生命的意识仍有较大的差距。生命的需要是生命意识的关键特征之一。人类意识的信息流是由自身的各种需要来串联、引导和驱动的。

任何一个生命体都有着各种各样的需要。在人类社会，人的需要变得更加复杂和多样。对于所有需要做一个分类是比较困难的，但有很多学者做出了各自对于需要的梳理归纳。动物的不同本能派生出形形色色的需要，包括进食、饮水、排泄、安全、控制欲、择偶、繁殖等。美国人本主义心理学家马斯洛的需要层次理论影响比较深远。马斯洛把人的需要分为五个层次，第一层是生理需要，第二层是安全需要，第三层是爱和归属的需要，第四层是尊重的需要，第五层是自我实现的需要。后来又有学者发展出需求范畴论，包含三个方面，第一是生理范畴，第二是心理范畴，第三是社会范畴。马斯洛的需要层次论在某些时候有待商榷，例如，"宁死不吃嗟来之食"者虽然生理需要没有满足，但依然需要被尊重。性的需要既可以在生理范畴，也可以在心理范畴，对性伴侣的追求还可以在社会范畴。因此，我认为上述对需要的分类不够科学和严谨。下面我尝试基于不同基点，对需要做出以下分类。

（一）从需要的主干进行分类

我认为，任何生命体都趋向于永恒的存在和进化，因此，如何永久地生存下去是每一个生命个体所趋向的，但这往往是相当困难的，于是，需要通过繁衍来使永久的生存成为可能。如果把生存比作一个人的长跑比赛，那么繁衍就像是接力赛。生存是每一个生命个体的趋向使命，以此来使物种不断繁衍生息。任何生命体都具有两大使命，第一是个体生存，第二是种系生存（种系繁衍）。因此，根据生命体的两大使命，可以把需要分为与个体生存相关的主干需要和与种系繁衍相关的主干需要两大类（图 5-1）。在两大主干需要之下有分支，分支之下再有细支，持续不断细化，不断派生出更为具体、细小的各种需要，最终形成需要的巨大树形体系。两大主干需要如同树的主干，向下逐渐分支，最终形成巨大的根系。与个体生存相关的需要（为自己）就是以个体生存为中心派生出来的各种需要，包括个体生存下去所必需的生理需要、群居分工合作的需要等，如吃喝拉撒、衣食住行等；而与种系生存（为他人）相关的需要则是建立在个体生存相关需要基础之上的，包括两性交往、恋爱、婚姻、性行为、养育在内的各种需要，这些需要都围绕或趋向"孕育下一代"这一中心而派生出来，如异性交往、恋爱、婚姻、孕育、追求性快感等。通常个体生存是种系繁衍的基础。可能因为个体生存的生命历程有限，终有一天个体生命会终结，因此生命便将繁衍作为延续生命使之永恒的替代手段。

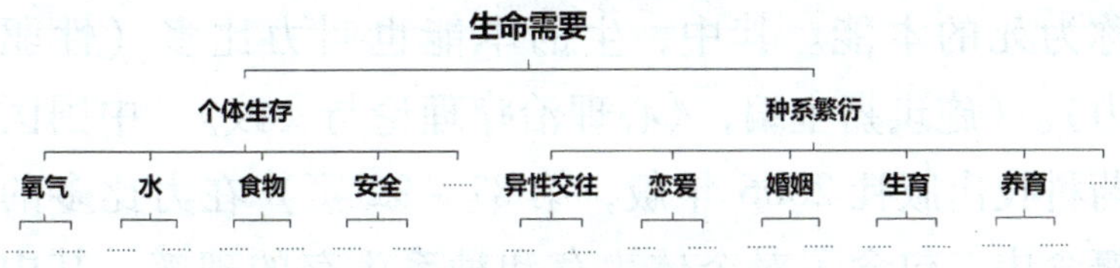

```
                          生命需要
                 ┌───────────┴───────────┐
              个体生存                 种系繁衍
        ┌────┬────┬────┬────┐   ┌────┬────┬────┬────┬────┐
       氧气  水  食物  安全 …… 异性交往 恋爱 婚姻 生育 养育
```

图 5-1　生命需要——主干需要（许淑芳绘制）

生存和繁衍这两大主干需要相互促进、相互影响，共同推动生命持续前行。某个生命个体可以在生存期间没有繁殖行为，但不可能仅有繁殖行为而没有生存需要。生存需要是最为基础的、绝对的，繁殖需要是相对而言高层次的、相对的。生存需要可以被理解为生命的基本需要，种系繁衍需要可以被视为生命更高阶段的终极需要。因此，在生存与繁衍存在冲突时，个体通常会优先选择完成繁衍。动物界这样的例子并不少见，黑寡妇蜘蛛、螳螂等都是典型的例子。人类也是如此，父母通常会奋不顾身地保护孩子，灾难面前儿童被优先救援，等等，都体现了繁衍优先。

本能是精神分析理论中的一个重要概念。弗洛伊德把本能看作推动或启动的因素，是个体释放心理能的生物力量，是人的一切行为的动机和基础。在弗洛伊德的早期理论中有两组本能，即自我本能和性本能。后来在第一次世界大战中，他看到了人类的互相残杀、攻击和毁灭，由此认为在人的身上还存在着一种侵略本能和自我毁灭本能，于是将自我本能和性本能合称生的本能，其指向生命的蓬勃发展和生长兴旺，与之相对的称为死的本能。其中，生的本能也叫力比多（性驱力）。（施琪嘉主编，《心理治疗理论与实践》，中国医药科技出版社2006年版，第87－92页）在力比多的概念中，包含了对个体生存和种系生存的理解，其中更为强调的主要是种系繁衍的需要。世界上的战争、

第五章　意识的程序流

人类之间的相互争斗，根本上还是为了自身更好地生存繁衍。于是国家之间、民族或种族之间便可能爆发战争，其中很多侵略战争都是为了掠夺资源、扩张自己的殖民地或定居点，以利于自身的国家、民族、种族的生存繁衍。因此，在弗洛伊德看来，看似矛盾的两者之间其实并不矛盾，所谓的自相残杀也并非想要毁灭自己，而是想要更好地满足自己的生存繁衍需要。侵略者想要获取更多的资源，便有了毁灭行为；被侵略者则是为了保护自身和抵御掠夺，同样有了毁灭对方或者牺牲自己的行为。因此，个体生存和种系繁衍是个体所有行为的基础驱动力。

1. 个体生存的需要

个体生存的需要是为了自己的生存而产生的各种需要。

对生存的主干需要进行细分是困难的。首先，生理需要是最为基础的，包括食物、水、氧气、温度、光线、睡眠等，其中一部分是物质需要，另一部分是能量需要；其次是安全需要，即保障安全，包括排除、远离或预防自然威胁、异类威胁、同类威胁和疾病威胁，以及构建所需环境等；最后是心理需要，包括归属感、价值感、荣誉感、自尊感、控制感及安全感等，心理需要是在社会化过程中出现的更高层次的需要。在现代社会，物质可以用金钱货币来换取，于是物质需要转变为对金钱货币的需要，进而又衍生出对工作、人际交往等更多的需要,最基本的感觉需要也逐渐衍生出更加丰富的情感、娱乐等需要。

社会中的不婚不育者在需要上相对侧重于自身的个体生存,而不会再过多地考虑种系繁衍。

2. 种系繁衍的需要

《列子·汤问》中《愚公移山》:

> 太行、王屋二山,方七百里,高万仞,本在冀州之南,河阳之北。
>
> 北山愚公者,年且九十,面山而居。惩山北之塞,出入之迂也。聚室而谋曰:"吾与汝毕力平险,指通豫南,达于汉阴,可乎?"杂然相许。其妻献疑曰:"以君之力,曾不能损魁父之丘,如太行、王屋何?且焉置土石?"杂曰:"投诸渤海之尾,隐土之北。"遂率子孙荷担者三夫,叩石垦壤,箕畚运于渤海之尾。邻人京城氏之孀妻有遗男,始龀,跳往助之。寒暑易节,始一反焉。
>
> 河曲智叟笑而止之曰:"甚矣,汝之不惠!以残年余力,曾不能毁山之一毛,其如土石何?"北山愚公长息曰:"汝心之固,固不可彻,曾不若孀妻弱子。虽我之死,有子存焉;子又生孙,孙又生子;子又有子,子又有孙;子子孙孙无穷匮也,而山不加增,何苦而不平?"河曲智叟亡以应。
>
> 操蛇之神闻之,惧其不已也,告之于帝。帝感

其诚，命夸娥氏二子负二山，一厝朔东，一厝雍南。自此，冀之南，汉之阴，无陇断焉。

可见，愚公之所以认为自己可以移山，关键在于其对于家族种系繁衍生生不息的理解。

种系繁衍需要对于人的重要性不言而喻。最直接的种系繁衍是个体自身遗传信息的传递，即繁育自己的后代，也就是所谓的"传宗接代"。但我们需要清楚一点，这里所说的"传宗接代"并非只是男方的繁育，同样也包括女方的繁育，因为在繁育中，男女双方都将自身的遗传信息传递给了下一代。

繁衍需要不仅仅是个体自身种系直接的繁衍，也包括在家族、民族、种族乃至物种等维度的繁衍。种系生存的需要也可以理解为种系繁衍的需要，从根本上是为了"他人"的生存而产生的各种需要。这里所说的"他人"与个体的生物学关系越亲近、相似度越高，就越容易成为个体为之生存奋斗的对象。一般而言，个体会为了自己的配偶和孩子、自己的家族、自己的民族、自己的种族、自己的国家、自身的物种等奋斗。因此，种系繁衍不仅仅包括自己的直系后代繁衍（个体家庭的繁衍），也包括旁系后代繁衍（个体家族的繁衍），还包括自身民族和国家的繁衍、自身种族的繁衍、自身物种的繁衍等。例如，有人舍弃自己的性命去争取民族解放，就是宁愿放弃自己的生存与繁衍而期望达成自身所属民族的美好未来。资源的不均衡等多种因素也导致了不同人、不同家族、不同民族、不同种族、不同人种、不同物种之间的不同形式的冲突，有时是个体之间的争斗，有时是民族、国家之间的战争。世界上的大多数战争与军事冲突在根源上与民族、种族繁衍密切相关，如掠夺资源与财富、将抢夺的领土变成自己的殖民地、民族与种族之间的利益纠纷等。

从本能的角度而言，个体会倾向于为与自己基因密切相关的个体付出更多。例如，在重组家庭中，个体相对更容易对自己的亲生孩子更加偏爱。在很多人的刻板印象中，似乎有了"继父继母、后爸后妈、养父养母"并不是什么好事。然而现实中，事实并非完全如此，因为这当中超越本能的理性与道德等其他很多因素也会起到非常强大的作用，从而可能扭转上述情形，所以，在很多家庭中，父母依然会对非亲生子女同样关爱、视如己出。因此，我们需要注意及时察觉与自身相关的刻板印象，更加客观和理性地看待相关问题。

与个体生存一样，繁衍需要同样比较复杂。繁衍的需要一般在个体性成熟后才会显现出来，对于个体而言，一般在青春期性发育成熟后开始显现。青春期之前，个体主要以生存需要为主导需要；青春期之后，生存与繁衍两类需要并行。繁衍需要通过成熟两性的性交合方可达成，并需要长时间养育孩子，因而繁衍的需要首先是建立在生存需要基础之上的，包括健康的身体与

第五章 意识的程序流

一定的物质基础等。其次，繁衍的需要体现在对于异性的追求，这就衍生出了更加丰富的需要，如品德、能力、气质、仪表、物质财富等所形成的吸引力，以及恋爱婚姻等。最后，繁衍的需要体现在对下一代的养育，稳定且良好的婚姻关系、稳定的物质条件、适当的养育方法和经验、足够的陪伴下一代的时间精力等对于养育好下一代都是重要的。

从上面的论述中也可以发现美国人本主义心理学家马斯洛的需要层次论是有待商榷的。其中，生理需要中除了性需要导向的是繁衍需要，其他生理需要导向的是个体生存需要；安全需要中既有对个体安全的需要（这导向个体生存需要）；也有对家人等安全的需要（这导向繁衍需要）；爱和归属需要中，"爱"导向的既可能是繁衍需要，也可能是生存需要；尊重的需要和自我实现的需要也并非高阶需要。我认为，几乎所有人都同时存在所有需要，即使生理需要完全无法满足的人也依旧需要被尊重。由此可见，马斯洛的需要层次论的科学性和逻辑性有待商榷。

人的需要是复杂多样的，每一个需要都有其下一层的子需要，环环相扣，纷繁复杂。例如，基本的食物需要可以派生出获取食物和烹调食物的需要，获取食物的需要又可以衍生出养殖和购买的需要，购买的需要又能进一步衍生出农林牧渔和换取货币的需要，诸如此类，循环往复。因此，生存与繁衍是需要体系的两条主干，两条主干分别派生出复杂多样的各级子需要。生存的需要和繁衍的需要通常是相伴而生、互相促进、相互交织的。需要通常是重复循环出现的，满足需要的过程也同样是周而复始的。因此，需要可以从生存和繁衍两大主干需要开始，再按层级分出更小、更细的分支需要，由此形成一个树根样的需要结构图。

人的需要具有几个特征。其一是多样性，在某一时刻会有某种需要呈现优势，不同需要此起彼伏、交替出现。其二是周期性，绝大多数的需要不可能"一劳永逸"，都会在一定阶段内周期性循环出现。需要和回避通常是相对的。其三是动态性，需要是无止境的。

个体生存的需要是相对有限的，是相对容易被满足的，但种系繁衍的需要是无限的，是不容易被绝对满足的。由于个体的生命是有限的，所以基于个体生存的需要也是有限的。当个体有了种系繁衍的需要，就会有更多呈无限循环的需要。

每个人的基本需要原本都是大致相同的。但由于不同的阅历经验、不同的行为强化、不同的文化等，个体逐渐演变出了差异显著的需要表现。例如，同样基于食物的需要，某些个体或群体会偏爱和推崇素食，而对于荤食则比较抗拒。基于不同的宗教、民族、地区、观念等，个体都会有不同的食物忌讳和偏好。同样基于疾病治疗的需要，一些个体更加认可中药治疗，而另一些个体偏好西药治疗。同样基于对人际交往联系的需要，不

第五章 意识的程序流

同的人对于手机品牌的偏好选择也差异巨大。同样基于繁衍的需要，不同的人对于后代的特质会有不同的偏好。

人体的所有需要其实本身并无量化或规定的标准，我们的需要通常以感觉的形式被自身知晓，需要是否满足都会转化为某种形式的感觉而被个体所察觉，例如，"饿"代表对食物的需要，"饱"代表对食物的需要被满足，"渴"代表对水的需要。人类虽然在根本上是在不断满足自身的客观需要，但这些需要都相应地以某种感觉表达出来，因此，表面上我们其实是在回避或解除消极感觉，追求积极感觉。例如，人对于适当温度的需要以体感的"凉爽或温暖"表达，人对于繁殖的需要以"性欲望、性冲动或性快感"的感觉表达，人对于水的需要以"渴"的感觉表达，这样的例子不胜枚举。因此，感觉成为需要的表达方式，需要隐藏在形形色色的感觉之中。通常而言，感觉与自身的客观需要是相匹配的，但在某些特殊状况下，感觉可能未必与自身需要同步匹配。例如，糖尿病患者在已经摄入足够水分时，可能仍然感到口渴；在某些药物的干扰下，某些患者会变得食欲亢进，但事实上身体并不需要。感觉是基本需要的表达，而情绪情感则是与需要是否满足相关的高级意识体验，我们可以将情绪情感理解为一种更高级的感觉。大自然精妙地设计了动物的内在程序，使得有利于生存的物质或活动大多会带来积极的感觉，有害于生存的物质或活动则大多会带来消极的感觉，动物趋利避害，追求积极的感觉或情绪情感，从而能更好地生存繁衍下去。

（二）从需要对象的本质进行分类

从需要对象的本质进行区分，可以把生命的需要分为两个基本类别，第一类是对物质的需要，第二类是对能量的需要（图5-2）。物质是有形的，作为摄入物被摄入生命体，随即在体内进行复杂的加工转化。对物质的需要包括对水、食物、氧气、药物等的需要。能量是无形的，作为环境刺激被生命体接收和感知，感觉和情绪情感是其表现形式。对能量的需要也就是对感觉和情绪情感的需要，包括对适宜的温度、湿度、声音、光线，美好的事物，抚触拥抱，性刺激，爱，肯定认可，名誉，优越感，归属感，道德，美感等的需要。个体对金钱和物质财富的追求既可能源于对物质的需要，也可能源于对能量的需要。在个体对金钱与物质财富的追求中，我们会发现个体并不会完全真正用到相应的金钱或物质财富，故而个体追求的更多金钱与物质财富是在为未来做储备，但事实上这些面向未来的储备往往是过度的。但显而易见，这会带给个体一种良好的感觉或情绪，过度的储备可以带给个体更多的安全感，降低个体对未来的焦虑。在这两类需要之间，物质需要当然是最基础的，但物质并不一定会带来期望的感觉或情绪情感。

第五章 意识的程序流

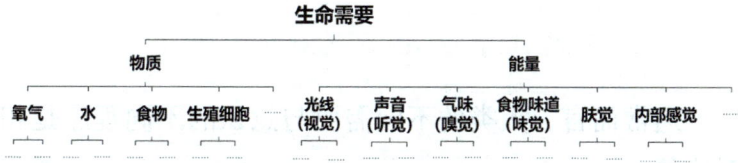

图 5-2 生命需要——对象本质（许淑芳绘制）

个体主要以物质摄入的方式满足自身对物质的需要，主要以获得感觉或情绪情感的方式满足自身对能量的需要，这种对能量的需要是以适宜的环境刺激为基本存在方式的。物质能够产生能量，对物质的需要也会附带产生某种感觉刺激而形成某种感觉。

二、需要造成的感觉或情绪差异

生命个体有需要的事物，当然就有不需要的事物，甚至会有极力回避的事物。在需要的影响下，个体的感觉会呈现某种差异。其中，一些感觉符合个体当下的需要，被认为是好的；另一些感觉不符合个体当下的需要，被认为是坏的。在需要的驱动下，个体对感觉的追求会呈现差异性。人总是在追求好的感觉，回避不好的感觉。

情绪情感同样如此。需要被满足，容易产生积极的情绪情感；需要不被满足，容易产生消极的情绪情感。因此，在需要的驱动下，对情绪情感的追求会呈现差异性。人总是在追求积极的情绪情感，回避消极的情绪情感。

三、意识程序

通常而言，人类的不同需要与意识的不同程序是相对应的。

根据意识的水库模型，其中的水既应有来源、有存储，也应有去处。我们可以想象，其中的水只有流动并与外界形成循环互动才有存在的意义。而驱动意识流动的力量就是需要。智能手机的屏幕会对我们的触摸产生反应，也可以理解为它有"感觉"，但由于智能手机没有自身的"需要"，它的"感觉"也就没有"好坏"之分，对于正常的触摸甚至暴力破坏，它都"一视同仁"。这就是人和非生命体的区别所在。

解读意识的维度很多，在本节，我们从程序的角度来理解意识。在计算机科学中，程序是为实现特定目标或解决特定问题而用计算机语言编写的命令序列的集合，程序和数据信息密不可分。我们在此借用计算机科学中的概念，计算机程序对应的就是意识程序。计算机程序具有目的性，意识程序同样具有目的性，其目的必然对应于个体的各种不同的需要。人脑的结构与机能极其复杂，远超过计算机，但为了便于理解，我们现在做一个类比。我们简单把人脑比作计算机，计算机程序有系统程序和应用程序之分。我们也可以将人类的意识程序相应地简单分为基础程序和高级程序。人类意识的基础程序可以理解为支配呼吸、血压、循环、胃肠消化蠕

第五章 意识的程序流

动等基础生理过程的程序。这些基础程序不为我们主观所控制或感知，先天既定，无法改变，这些程序指向的是人的内在生理活动，在不同的人群之间往往并没有明显差别，甚至人类和其他哺乳动物也没有什么太大区别。人类的高级程序是个体后天基于不同的文化背景或教育经历而学习形成的，这些高级程序大致上是相近的，但却存在异于他人的独特性。高级程序指向的是人的外在行为活动，也是与其他动物区别最大的部分。外在行为活动根本上是为内在生理活动服务的。例如，人们对穿着和饮食的需要基本上是相近的，但在不同地域、不同文化、不同家庭教育下，个体又表现出独特的差异性。高级意识程序还可以分为前台意识程序和后台意识程序，前者指的是个体大脑当前优先主动执行的且被明确感知的程序，后者指的是被后台自动执行的且不被明确感知的程序。意识程序纷繁复杂，任何一个需要都对应着一个意识程序。

1920年，在印度加尔各答东北的一个名叫米德纳波尔的小城，人们发现有两个女孩和狼一起生活，于是人们解救了她们，并将她们送到米德纳波尔的孤儿院去抚养，还给她们取了名字，其中大的七八岁，名叫卡玛拉，小的约两岁，名叫阿玛拉。到第二年，阿玛拉去世了，而卡玛拉一直活到1929年。这就是曾经轰动一时的"狼孩"事件。据报道，印度"狼孩"在刚被发现时，用四肢行走，慢走时膝盖和手着地，快跑时则手掌、脚掌同时着地。她们总是喜欢单独活动，昼伏夜出；怕火和光，也怕水，不让人们给她们洗澡；不吃素食而要吃肉，吃时不用手拿，而是放在地上用牙齿撕开吃。每天午夜到清晨三点钟，她们像狼似的引颈长嚎。她们没有像人类一样的感情，只知道饥时觅食，饱则休息，很长时间内对别人不主动产生兴趣。不过，在孤儿院中，她们很快学会了向人要食物和水。据研究，七八岁的卡玛拉刚被发现时，只懂得一般6个月婴儿所懂得的事，人们花了很大气力都不能使她很快地适应人类的生活方式，2年后她才会直立，6年后才艰难地学会独立行走，但快跑时还得四肢并用。直到去世她也未能真正学会讲话：4年内，她只学会6个词，听懂几句简单的话；7年时，才学会45个词并勉强地学说几句话；在最后的3年中，卡玛拉终于学会在晚上睡觉；很不幸，就在她开始朝人的生活习性迈进时，她去世了。研究人员估计，卡玛拉去世时已16岁左右，但她的智力只相当于三四岁的孩子！狼孩与普通人的相似之处在于基因是相似的，体貌特征是相似的，基本的需要也是相似的，意识的基础程序是相似的；不同之处在于特殊的生存环境使其有了特殊的记忆与表达，长期在野外生存使其更加适应自然环境，而对于人类社会生活的适应却变得困难，意识的高级程序差异就非常大。假设顺应狼孩自身的野外生存环境让其发展下去，或许其能存活得更"好"，更长久！

第五章　意识的程序流

　　意识程序中，需要是一条贯穿始终的线，需要是意识程序的目标，把感觉、记忆与表达串联在一起，完成需要的满足，相互间渗透融合，难分彼此；不同的需要又此起彼伏，循环往复，形成一系列连贯的、周而复始的生命现象（图5-3）。

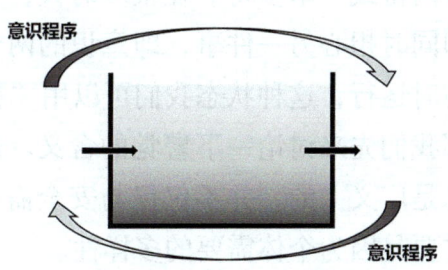

图5-3　意识的程序流（许淑芳绘制）

　　如果没有个体需要驱动串联，意识信息流就会变得无序、混乱和漫无目的。而有了意识程序的运转，意识信息在意识程序的驱动下才会变得有序、有条理和有的放矢。从本质上而言，躯体作为意识的物质基础，其本质就是物质，而意识的本质则是能量。意识这种能量的特殊之处在于它可以驾驭物质，使物质有序流动，为己所用。

第二节 警　　觉

意识的每一个高级程序都对应着一种需要，有时候也可以一举两得或一举多得。在很多时候，我们会做着一件事，却同时担心另一件事，即意识的两个或者多个高级程序同时运行，这种状态我们可以用"警觉"一词来表示。那我们先来讨论一下警觉的含义。这里所说的警觉的概念是广义上的，并不仅仅与安全需要有关。警觉的出现主要是因为个体需要的多样性。

警觉可以简单理解为警惕性察觉。在非洲草原上，角马吃草时需要警觉，因为很可能在草丛中潜伏着狮子，适度的警觉会使角马可以在进食的同时警惕危险，为逃脱狮子的捕食赢得足够的时间。过低的警觉显然会增加角马被捕食的危险，但过高的警觉不仅影响其进食，还会消耗大量的能量。吃草需要警觉，因为草丛中可能有狮子；饮水也需要警觉，因为水中可能有鳄鱼；对于自然环境也需要警觉，因为当食物缺乏时，角马需要及时迁徙到水草丰盛的土地。适度的警觉使得角马很好地适应环境并生存在非洲大陆上。警觉可以让动物在两种或多种需要之间做到适度的兼顾，可见警觉对于动物的生存是至关重要的。但是兼顾的两种或多种需要的引导程序之间会相互干扰，进而影响各个需要满足的质量。

第五章 意识的程序流

一、警觉的过程

警觉通常是由两种或多种需要同时引发相应的意识程序。个体通过感官摄入环境刺激信息，结合记忆识别和择取信息，进而引导自身的行为，并时刻对另外的需要保持警戒。例如，非洲角马在安全与食物两种需要的驱动下，引发两种意识程序并行，在进食时不断监视环境中的危险，时刻保持警戒，发现危险时立刻中断进食并逃离。个体对环境信息的觉察是通过感觉功能来完成的。而对于环境信息意义的判断取决于记忆，正所谓"初生牛犊不怕虎"，角马脑中有了适宜食物和危险对象的记忆经验后，才能赋予其更多意义。即使没有相关记忆，某些新的动物形象也会被动物先假定为危险而先行躲避或攻击。在这个警觉过程中，进食的意识程序与避险的意识程序同时运行，两种程序交替性地成为前台或后台程序，直到一种或两种需要得到满足后，这种警觉状态才会结束。

二、警觉的意义

警觉是所有动物都拥有的一种能力，这种能力会使动物个体可以兼顾和串联多种需要而不顾此失彼，有助于生命个体更好地适应环境、应对危险，以便其更好地生存，这对于动物的生存繁衍是非常重要的。动物即使在睡眠中，放松的同时一般仍会保留部分具有指向性的低水平的警觉性，这种状态同样有利于物种的生存。例如，老鼠的叫声容易唤醒沉睡的猫，婴儿哭声容易惊醒父母，等等。生活中我们也可以观察到，当我们走近睡眠中的猫狗时，它们大多会提前醒来，这就是警觉性的表现，对陌生人尤其如此。由此可见，警觉是广泛存在的。

例如，当一个人独自走夜路时，不能仅仅专心走路，还有必要警觉环境中可能出现的危险；父母在睡觉时警觉婴儿的哭声，也是有需要的。警觉的意义在于可以使个体同时兼顾多种重要需要，避免顾此失彼，这对于更好地生存繁衍非常重要。

出现警觉的主要原因在于动物需要的多样性和复杂性，因此，警觉的本质是在双重或多重需要诱导下，多个意识程序并行，适度的警觉可以保证个体及时兼顾满足自身的多种需要。过低的警觉容易使个体顾此失彼，但过高的警觉也可能造成本想要兼顾的多种需要反而都无法兼顾，使个体产生消极体验甚至"鸡飞蛋打""人财两空"。

三、警觉的影响

如前所述，警觉是一心多用，是由两种或多种需要引导的高级意识程序的并行状态。专注则相应可以理解为一心一用，是单一需要引导的高级意识程序的运行状态。无论处于警觉还是专注状态，个体的心理都会产生

第五章　意识的程序流

一定程度的紧张感，身体也会处于一定程度的紧张状态。但是可以推断得出，警觉状态下个体的能量消耗会更大，心理感受会相对负面一些，躯体也会更紧张些。例如，野生和动物园两种状态下的角马同样在进食，野生状态下的角马会比动物园的角马更加警觉、更加紧张，能量消耗当然更大。又如，公交车上的乘客中，专注看书的人感受会好些，但财物可能失窃，而警觉小偷的人会更紧张焦虑些，但财物被盗的风险却小很多。可见警觉有利有弊，个体需要在不同情境下调整。

人类的警觉可能是普遍存在的，而专注则是相对的。原因在于需要的复杂性，在生存与繁衍两大需要之下，随着层级递增，不断分解出更小、更细的需要，兼顾不同需要就很难避免了。因此，可以这么说，警觉是绝对的，专注是相对的，就如同运动是绝对的、静止是相对的。我们还可以这样理解：紧张是绝对的，放松是相对的。警觉虽然属于意识层面的活动，但警觉的影响不仅仅局限在意识范围内，还包括身体层面和心理层面。警觉可以使身体紧张，也可以使感官感受性更加敏锐。

警觉程度的适当是非常重要的。就像我们拿鸡蛋一样，需要用多大的力去拿呢？完全不用力，拿不到鸡蛋；用力太小，会拿不稳鸡蛋而容易掉落；适当用力，可以很轻松地拿到鸡蛋；过于用力拿鸡蛋，则有些浪费力气，而且用力太大会将鸡蛋捏碎。因此，警觉的必要性和警觉程度同样非常重要，不必要的警觉浪费精力、体力，警觉程度太轻可能起不到作用，警觉程度太重浪费精力、体力甚至适得其反。

在人类这一最高等级的生命形式中，警觉状态有着各种各样的具体表现。对可能到来的危险采取的预防警戒状态，对事情或人的某种牵挂，对发生过的事情的自责后悔，对未来的事情的担忧顾虑，对现在问题的应对或回避，愿望未能达成或对现实难以接受等，都是警觉性的不同表现。警觉的表现多种多样。心理学领域，曾有学者提出一个关于心理冲突的理论概念，其将心理冲突分为双趋心理冲突（例如鱼与熊掌想要兼得）、双避心理冲突（例如前怕狼后怕虎）、趋避心理冲突（例如想病好又怕吃药）和多重趋避冲突等。其实，所谓的心理冲突的形成就是一种警觉状态。这里是将个体需要的（趋）和回避的（避）分开来理解论述，其实现实中个体的某种需要一定对应着某种回避，例如，"想要鱼"对应着"不想没有鱼"，"想睡觉"对应着"不想失眠"等。所谓的趋避，本质上其实都是指向个体的某种需要。有时候同一个需要会分化出趋、避两种需要，例如，失眠症患者既想要睡好觉，又害怕睡不好，但这往往是不必要的，甚至是有害的。

四、专注

人相对于其他动物而言，智能发展水平较高，社会化程度较高，社会分工与合作也越来越密切，不同人群在社会中扮演着不同的角色而承担其自身的责任。在人类生存的整个过程中，警觉对于生存的必要性和重要性程度相对于其他动物是明显降低的。也就是说，人类的警觉水平相对其他野生动物是偏低的。例如，我们在吃饭时，绝大多数时候不需要考虑安全问题，因为我们的社会有警察和军队，他们各司其职，守护社会安宁。然而，某些不必要或不重要的警觉反而相对增加，例如，开车时打电话，这其实会增加车祸的风险，曾有媒体报道过有人因走路看手机而不慎跌入下水道溺亡。

专注，顾名思义，就是对专一事情的意识投注。专注是人类相对于其他动物发展得更为高级的一种能力。如果说警觉是为了生存，那么专注则是为了生存得更有质量。专注时，个体的全部意识都投注在专项事情之上，此时个体集中注意力于一件事情、一个任务、一种需求，从而在效率、体验和能力等多个维度上得到进一步的提升，其重要意义也在于此。

专注是个体集中注意力于当下的专一事件中。这是专注的基本特征。在专注状态下，个体的行为效率会更高，体验也会更好，还能够同时发展和提升个体的某种技能，逐渐分化出个体的某种价值优势，使个体在某一方面具有丰富的经验、熟练的技巧和高超的能力。从这个角度而言，专注也逐渐促成了社会分工。专注的本意是注意力集中于某一具体事情中，相应的社会分工也可以理解为个体持续稳定地将注意力集中在某一个领域。

如果我们把警觉简单地理解为"一心二用"或"一心多用"的话，那么专注就是"一心一用"。警觉的存在是广泛的、绝对的，而专注则是相对的。有人说白痴与天才只差一步，这其实很容易理解。当个体的大脑只会考虑一两件事时，专注于此的潜力可能非常强大，成为天才不无可能，但在自然情况下此类人却难以生存。相对的后顾之忧越少，个体的警觉性会越低，个体就越容易专注于某些局部领域而做出成就。高度的社会分工可以让个体更加专注于某种工作而精益求精，同时不必考虑过多的其他事情而在一定程度上降低警觉，这是社会高速发展的原因之一。中国汉语成语中经常用"废寝忘食"来形容一个人的专注，可见专注有可能造成的结果之一就是顾此失彼，无法均衡兼顾。显然，至少在自然界，废寝忘食是有害的甚至是危险的。例如，角马在进食时过于专注就会很容易成为猎食动物的盘中餐，反之专注于猎食动物的动静则会影响进食。在人类社会中，专注的不良风险大大降低，更多时候被认为是一种良好的品格。

警觉与专注均有利有弊。在此，我们需要强调的是专注的重要意义。

在专注行为过程中，参与配合的感觉或动作行为的多少也会影响专注力。例如，读书（视觉和语言都参与）相对于单纯地看书（视觉参与）可能更容易专注。

第五章　意识的程序流

在专注行为过程中，与专注行为无关的其他干扰因素越多，个体越不容易专注。例如，在电影院看电影相对于在家里的电视机上看电影更容易专注。

如果专注匹配了合适的时间、合适的地点，可能会产生更强、更持久的专注力。例如，一个人在规定的上班时间于工作单位处理工作任务，更容易专注，其所产生的专注力也相对更为持久和强大。如果下班时间仍然在单位处理工作任务，个体的内心专注强度可能有所减弱；如果下班时间在家处理工作任务，不但个体的专注强度可能减弱，外界干扰还可能增加，甚至出现不同程度的负面情绪，这对于专注都是不利的。因此，在合适的时间、合适的地点承担合适的角色，才更容易专注于合适的事情中，也会使我们的行为更加高效。当时间、地点、角色和事情转换时，我们也需要相应地及时切换专注焦点，以便在整体上做到兼顾。例如，在上班时间于工作地点，我们作为员工会更容易专注于工作；而下班回家后，我们就应该及时转换自身角色，成为家庭成员（作为父母、儿女、配偶等）而专注于家庭生活，或完成家务，或夫妻聊天，或陪孩子玩耍，或为孩子辅导作业。

专注还可以理解为个体对某个任务或对象的持续集中和投入，是注意的持续集中。例如，某人专心撰写某场足球比赛的战术分析文章。个体专注于某一件事情，更容易把某件事情做好；个体专注于某一个领域，也更容易取得更大的成就。

对某个特定范围的稳定维持的注意就是专注。警觉是个体与生俱来的，是动物普遍的意识现象。而专注品格的培养则相对显得更为可贵。专注是我们需要培养的一种行为习惯，也是一种处事的品格。专注会使个体的感受更好，也有利于更好的社会分工。

第三节　情绪与情感

"幸福的家庭都是相似的，不幸的家庭各有各的不幸。"列夫·托尔斯泰在《安娜·卡列尼娜》中如是说。

人类有各种各样的情绪情感，如快乐、悲伤、思念、尴尬、愤怒、担忧、恐惧、厌恶、爱、恨、美感等。

表面上看，上述这些情绪情感与我们的视觉、听觉、嗅觉、味觉、触觉等感觉是不同的。但是我们知道，感觉是意识对环境刺激和环境变化的察觉。情绪情感的本质也可以视为"感觉"，都是意识对"刺激或变化"的察觉。两者的不同点在于，感觉的感受器分布在全身各处，大多在外周；感觉指向的是躯体内、外环境的变化，是个体对内、外环境变化的察觉。而情绪情感的感受器位于神经中枢；指向的是个体需要满足程度的变化或趋势，是个体对其自身需要满足程度变化的察觉。

情绪情感可以理解为一种更高级的"感觉"。例如，沙漠中的人感觉到口渴，这是一种感觉，当知道有水喝或已经喝到水时，可能出现开心或安心的情绪，这种情绪是积极的；当一直找不到水喝时，内心的情绪可能是焦急或者绝望，这种情绪是消极的。又如，在性行为过程中，性刺激产生的躯体感觉是一种生理感觉，而即将得到性满足或性满足后的愉悦感则是一种情绪。当个体的需要被满足时，个体会出现积极情绪，即使个体的需要当前没有被满足，但个体预期到即将被满足，也会出现积极情绪。"他乡遇故知"会让人开心，如果知道自己和"故知"即将见面，也会开心。因此，我们的需要是否得到满足会影响我们的情绪，我们对趋势变化的预期判断也会影响我们的情绪。乐观的人经常是开心的，而悲观的人经常容易不开心，原因就在于或许两者境遇相同，都还没有得到某种满足，但乐观的人对需要被满足的趋势变化预期是积极的，而悲观的人的相关预期是消极的。

关于情绪维度，有很多学者提出了不同的理论。19世纪末，冯特（Wundt，1896）提出了情绪的三维理论，即愉快—不愉快、激动—平静、紧张—松弛。20世纪50年代，施洛伯格（Schloberg，1954）根据对面部表情的研究提出，情绪有愉快—不愉快、注意—拒绝、激活水平三个维度。20 世纪 60 年代，普拉切克（Plutchik，1970）提出，情绪具有强度、相似性、两极性三个维度。美国心理学家伊扎德（Izard，1977）认为，情绪有愉快度、紧张度、激动度和确信度四个维度。（彭聃龄主编，《普通心理学》，北京师范大学出版社2004年版，第367－368页）

我个人认为，情绪应该至少存在两个最基本的维度，其一是紧张度，其二是满足—不满足（图5－4）。

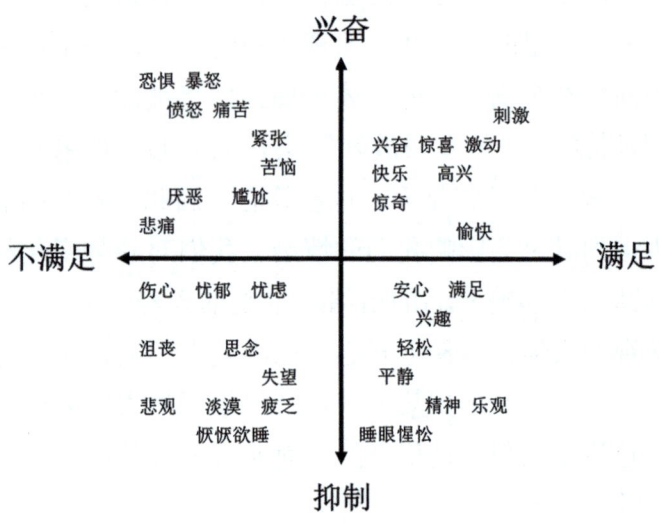

图5－4　情绪的两个维度（许淑芳绘制）

一个基本维度是情绪的紧张或放松，这与神经系统的兴奋或抑制程度明显相关。人类的神经系统有基本的抑制和兴奋这两极状态，与神经系统兴奋性相对应的是心理紧张度，而神经系统不同程度的抑制对应着心理上不同程度的放松，而不同程度的兴奋对应着心理上不同程度的紧张，这两种状态其实是连续的一个谱系，并不存在明确的界限。神经系统表现出的抑制或兴奋状态也体现着机体能量的消耗水平，越抑制越放松，能量消耗越低；越兴奋越紧张，能量消耗越高。极度紧张的状态一般用于应对紧急情况，而极度放松的状态一般是出现在睡眠中。这是理解情绪的基本维度之一。因此我们可以说，最基本的两种情绪状态就是放松与紧张。这个维度也在一定程度上体现着情绪的强烈程度。这和冯特提出的情绪三维理论中的激动—平静和紧张—松弛、施洛伯格提出的激活水平这个维度、普拉切克提出的强度维度、伊扎德提出的紧张度和激动度两个维度是类似的。

另一个基本维度是情绪的积极或消极，这指向个体需要的满足—未满足状态或即将满足—不会满足的趋势预判。个体的情绪情感是基于个体需要的变化所产生的，是个体对需要的不同满足程度或预期满足程度的内在体验。当个体的需要在客观现实层面被满足时，就会产生积极情绪；反之，当个体的需要在客观现实层面未被满足时，就会产生消极情绪。一般而言，积极的情绪情感包括快乐、喜欢、满足感、美感、成就感、踏实感、安心等，消极的情绪情感包括悲伤、愤怒、恐惧、尴尬、焦虑、厌恶、羞耻、沮丧、苦恼、内疚、轻蔑、嫉妒、怨恨、警惕等。例如，失去或分离（需要的对象）会使人出现悲伤、思念、牵挂等情绪，获得（需要的对象）会使人出现开心、喜好、快乐、满足感、美感等情绪；安全受到威胁会使人出现警惕、恐惧或愤怒等情绪；他人的优秀可能会使人出现羡慕、嫉妒甚至恨等情绪；被人看到自己的"丑态"（不想被人看到、知道的部分）会使人出现尴尬、羞耻等情绪。很多情绪的行为指向性是比较明确的，例如，恐惧、厌恶、尴尬、害羞等情绪会使人倾向于回避对象或情境，愤怒、怨恨、嫉妒、轻蔑等情绪会使人倾向于攻击对象。而所有积极情绪、思念、好奇等会使人倾向于接近对象或情境。还有一些情绪对于需要的指向性比较弱，如焦虑，有时会让个体迷茫而不知所措。事实上，焦虑是一种基本的情绪，它与警觉明显相关。

情绪的积极或消极维度和冯特提出的情绪三维理论中的愉快—不愉快、施洛伯格提出的愉快—不愉快和注意—拒绝两个维度、普拉切克提出的两极性维度、伊扎德提出的愉快度维度是相似的。

即使个体需要的满足与不满足的现实状况没有达成，个体对于相应趋势的预期同样会影响情绪体验。例如，有些人（假设他在工作与休假两者之间更喜欢休假）在周一和周五虽然同样上班，但可能周五的心情要比周一好，原因在于周五时其预期到自己的休假需要即将被满足；同理，假期的第一天和最后一天，虽然都在

第五章 意识的程序流

放假，但可能假期最后一天的心情就没那么好，原因在于假期最后一天会预期到自己不情愿面对的繁重工作即将来临。从图5-4中可以看到，在横坐标上，只要个体趋势偏向左侧，就可能出现消极情绪，反之，只要个体趋势偏向右侧，就可能出现积极情绪。

不同的情绪根据紧张度不同，会表现出不同的强烈程度。开心既有程度较轻的愉悦，也有程度较重的强烈狂喜。

基于不同的情境，并非所有的消极情绪都是个体拒绝的、回避的。例如，演员基于表演工作的需要，会酝酿出原本当下没有的各种不同的情绪，或是消极情绪，或是积极情绪。恐惧、悲伤等消极情绪在很多时候是个体不愿体验的情绪，但有时人们却会特意去观看恐怖电影或悲剧电影，来主动体验恐惧和悲伤。很显然，很少人会想要在自己的现实生活中真正体验恐惧、悲伤之类的消极情绪。

个体对于外在客观对象的趋避会产生不同的情绪情感倾向。基于过去的经验或对未来的预期，个体对于趋向的客体会产生喜欢、爱、想要等心理，对于回避的客体会产生讨厌、恨、恐惧等心理。例如，一个人遇到"坏人"，由于这通常是个体不需要的，个体会产生消极情绪，如果个体产生愤怒情绪则趋向于攻击坏人，如果个体产生恐惧情绪则趋向于回避坏人。一些客体既存在着一些令个体喜欢的部分，也存在着一些令个体讨厌的部分，这时个体的情绪情感是矛盾的，表现出"爱恨交织"。

从警觉的角度而言，警觉性越高，人越容易紧张和分心；警觉性相对降低时，人就更容易放松和专注。如果个体足够放松，就可能进入睡眠状态。从意识程序的角度进行分析，高警觉是多维指向的一种紧张状态，个体的意识程序需要不断转换，这时的紧张造成的躯体损耗比较大，容易产生焦虑等负面情绪，而专注的低警觉状态也并非完全不紧张，只是倾向于单一指向的紧张状态而已，这容易产生正面情绪。例如，一个学生上课时玩手机，这时，学生处于高警觉、多维指向状态，学生既想玩手机，又需要听课，还不能被老师发现，于是，他的意识的多种程序反复切换，导致他一会看手机，一会观望一下老师，甚至还担心被同学发现继而被揭发，他的内心是比较紧张焦虑的。实际上，在这种情况下玩手机带来的满足感也是很少、很短暂的。另一个学生上课专心听课，回家后在父母的同意下可以玩一个小时手机，学生在这时玩手机是完全可以专心的，是一心一用，处于低警觉、单一指向状态，学生的意识不需要反复切换，其内心是相对比较放松的，玩手机带来的满足感也是相对充分的。因此，情绪体验不仅与需要能否满足有关，还和专注度有关，相对的低警觉容易让人身心放松，使其更加专注高效地完成现实任务。从警觉的角度而言，焦虑是最基本的情绪之一。

第五章 意识的程序流

普通心理学中,表情被定义为情绪的外部表现,是在情绪状态发生时身体各部分的动作量化形式,包括面部表情、姿态表情和语调表情。在生活中,大部分人所说的表情一般指面部表情。多数时候,情绪与表情的表达趋势是一致的,程度也是基本吻合的。当然也有例外,例如悲伤时,我们会流泪;而过度开心激动时,我们也会流泪。很多时候,个体可能会压抑或掩饰自己的内在情绪,将自己真实的内在情绪淡化表达甚至反向表达。例如,演员在工作时会根据剧情需要,表演出当下原本不存在的某种情绪状态;我们在某些场合有时会因不便将自己的情绪直接表露出来,而采取压抑和掩饰。内在情绪与外在表情如果长时间处于不一致状态,必然需要个体的高警觉状态去主动掩饰和压抑,这种消耗其实是比较大的,很容易造成个体的情绪障碍。另外,还有人可能因为其成长经历、行为习惯养成等,外显表达能力欠佳,造成个人感受与他人感受的巨大差异。例如,某人在接待客户时,内心是尊重对方的,言辞内容也都是礼貌用语,但表情、语气、动作姿势却给人相反的感受,更加遗憾的是其自身完全意识不到自己的问题,还一味地强调自己态度好、说话没有错,这样易导致他工作不顺,反复被投诉,同事关系也可能不佳。

一般而言,情绪产生得比较快,维持的时间相对较短,更容易以表情外显的方式表达出来,稳定性相对不足。相对于情绪而言,情感产生得比较慢,表现得更为持久、更为稳定、更为内隐。在相对长的时间内在一定环境下，个体对于某个对象（通常是人、动物尤其是宠物、家庭、集体、民族、国家等）会产生比较稳定的趋向性的需要，从而产生某种情感，如亲情、友情、爱情、乡情、爱国情、忠诚感、幸福感。例如，喜欢可以理解为一种情绪，而爱可以理解为一种情感。情绪的外露更多地以表情来表达，例如，开心时会笑，悲伤时会哭；而情感的外露更多地以动作和行为来表达，例如，对孩子和配偶的爱会以为之不断地付出来表达。

概括而言，感觉是个体对内、外环境变化的察觉，情绪情感是个体对自身需要满足程度或变化趋势的察觉。本质上来说，情绪与情感也属于"感觉"，可以将其理解为更高级的感觉。

第四节 动　　机

从意识程序流的角度而言，只要有足够的需要就会产生足够的动机。大多数心理学家认为动机是由目标或对象引导、激发和维持个体活动的一种内在心理过程或内部动力（Pintrich & Schunk，1996）。这种驱动力可以使人产生强大的表达倾向。

动机源于个体的需要，不同的动机也是为了满足自己不同的需要。不同的动机可能来自两个层面。第一个

第五章 意识的程序流

层面是基础的感性层面，其中包括基础的感觉层面和上层的情绪情感层面，即为了获得或者消除某种躯体感觉或情绪情感，如听觉的、视觉的、饥饿感等躯体感觉，还包括快乐、爱、尊重、归属感等情绪情感。第二个层面是高级的理性层面，个体会为了获得某种预期的积极结果或避免某种预期的消极结果，而压抑当下的感性需求。例如，治病的理性动机会压抑基本的感觉需要，正所谓"良药苦口利于病"；又如，不断提升自己的理性动机会压抑批评所造成的负面情绪体验，正所谓"忠言逆耳利于行"。通俗地理解，动机就是"你为什么这么做"。动机是个体行为的驱动力，即为了什么而行为，动机与个体的行为目标是相对应的。

事实上，同一种行为可能产生多种结果，而这些结果可能都是个体所需要的。因此，同一种行为不同的人有可能存在多种完全不同的动机，同一个人的同一种行为也可能存在多重动机。一种行为的产生通常会有一个占据优势的动机作为行为的主要驱动力。例如，同样是学习，有人是为了让自己掌握更多的知识，有人则是为了考第一名或获取证书，还有人可能是为了让父母以其为荣，甚至有人仅仅是为了证明自己不笨。又如，帮助别人的人可能只是认为别人需要帮助而做了力所能及的事情，但也可能只是为了获得旁人甚至更多人的认可，还有可能只是网络直播中的一场表演而已。

虽然可能各种不同的动机都能够驱动同一种行为，

但驱动力的强度、持久性以及导向价值还是存在某些差异的。例如，同样是专业技术人员做科研，有人仅仅是因自己想要研究、验证和传播自己的学术观点并让更多人受益而付诸行动，而有人则可能是为了达到晋升职称所需要的条件。到底哪一种需要是个体的主导动机，这是非常关键的。如果个体做科研的动机是自己想要研究、验证和传播自己的学术观点，那么通常会严谨、真实、规范地进行研究并发表成果，这种动机可能强度未必很大，但相对比较持久，导向价值是积极的。如果个体做科研的动机只是为了职称晋升，那么个体优先考虑的会是如何做研究、如何发表成果才符合晋升的要求，这种动机可能强度很大，但相对不容易持久，达到职称晋升的目的后这种动机会很快减弱，导向价值是消极的，容易滋生和助长不当的科研态度和行为甚至是学术腐败。

因此，如何升华动机是非常重要的。例如学习的动机，从最初的被动学习到后来的主动学习，从为他人到为自己，从为自己升华到为集体或国家；将获取金钱的动机升华为体现自身价值的动机，将考第一名的动机升华为不断完善提升自己的动机等。周恩来总理在其少年时代说的"为中华之崛起而读书"就是典型的动机升华。

同一种动机当然也会引导产生不同的行为。例如，为了考第一名，个体既可能会努力勤奋学习，也可能会考试作弊，还可能给竞争对手故意制造障碍。又如，有人为了获取物质财富而不择手段。不恰当的动机容易使人出现行为偏差，而在适当的动机之下，行为偏差的概率会明显降低。

我们的行为会受到社会制度、法律、单位规章制度等的约束和控制，但我们的动机相对是自由的。这其中尤其需要注意的是，相对合理的动机对于行为的正确导向非常关键。

一举多得在生活中非常常见，所谓的"多得"，其中有些是水到渠成的，有些是一石二鸟的。如果苛求某个结果反而容易出现偏差。前面我们讨论过个体的主干需要有个体的生存需要和种系的繁衍需要，个体的某一个行为可能同时满足两种主干需要，如努力工作获得报酬，既可以是为了自己的生存，也可以是为了种系的繁衍。因此，个体的某一个行为可能存在多重动机，也就是个体希望兼顾多重需要，但其中一般会存在一个占据主导位置的优势动机，而其他动机则处于从属位置。例如，工作可能存在赚钱、获得奖励、体现价值、完成理想等多重动机，其中个体有可能把赚钱作为主导动机，这样获得奖励、完成理想可能会处于从属位置，主导动机如果淹没从属动机，而使个体的工作行为的逐利趋势越发明显，进而唯利是图，最终可能导致行为偏差。在任何行为的所有动机中，某个动机处于主导地位还是从属地位是在不断变化的，有些适当的动机会持续处于主导地位,这就是所谓的"不忘初心",在这个过程中,个体有些不当的动机会转为其优势动机,也可能会自我修正,把更为适当的动机转为其优势动机,这是我们需要注意和警惕的。

对于个体的行为,如何强化一个合适的动机是非常重要的。现实社会中,考试对于教学的引领导向作用、职称晋升的条件对于专业技术人员的引领导向作用都是显而易见的。

《最强大脑》节目中的某一期节目要求参与者随机速记一副扑克牌的全部排列顺序,这对于那些记忆高手而言似乎是轻而易举的,其记忆力让人惊叹;而对于我们这些"普通人"而言,则显得非常困难,似乎我们的记忆力相对较差。事实上,我们应该清楚一点,任何人都具有这样的"超能力"潜能,如前所述,我们每个人看过随机的一副扑克牌后其实已经完全记忆了,但要提取这些记忆缺乏足够的驱动力,也缺乏足够的技巧训练,而那些记忆高手要比我们有更加明显的优势。因此,如何强化某种必要的驱动力是非常关键的。

自己的动机一般可能只有自己才知晓,而且有时自己也未必清楚自己的主要动机。日常生活中,我们可能会下意识地对他人的内在动机进行猜测想象,并且有时甚至会将这些猜测的内容当成是事实,而深信不疑,消极的猜测会让人敏感多疑,甚至出现妄想观念,反之,过于积极的猜测也未必与事实相符,这是值得我们注意

第五章 意识的程序流

和警惕的。我们应该始终清楚这一点，猜测、想象和推断的一些内容并不能与事实完全画等号。例如，当一位女士穿着靓丽的服装参加某场聚会时，旁人会对于其主要着装动机有各种猜测，例如，可能是出于对聚会者的尊重，可能为了获得某个男士的瞩目，可能为了宣传服装品牌，可能是因为自己喜欢而已，等等。事实上，旁人的上述猜想都可能并非事实，真实的情况只有那位女士自己知晓。因此，我们应该更关注他人的行为，而对于自己内心的种种猜想、推断，要与事实划清界限。

动机在层次上存在高、低之分。例如，低层次的动机是为了满足自己的生存，高一些层次的动机是为了满足家庭或家族的生存，再高一些层次的动机是为了种族或国家的生存，更高层次的动机则是为了人类的生存。一个企业的领导者最初创业可能只是为了谋生，也就是为了获取金钱财富，但随着企业的发展壮大，其动机可能会转为希望企业长久良好发展，再接着其动机可能会转为为社会、为人类创造未来的价值。有句话叫作"能力越大，责任也越大"，可能也存在社会对某些人动机升华的期望。现实中，有些人也的确会陷入获取物质财富的贪欲漩涡之中而无法升华动机。

合适的动机可以更好更持久地成为个体行为的强劲动力，而不恰当的动机则容易导致个体行为偏差或动力缺乏。因此，如何赋予和强化合适的动机，对维持良好行为的可持续性非常重要。

第六章 意识结构

我们把意识结构理解为意识的宏观构成。如果我们用水库模型来理解,意识结构就如同水库中水体的分层,其中有肉眼可见的部分,还有肉眼不可见的部分。我认为意识大体上可以分为两部分:处于最底层的最基本的可以称之为"基础意识",基础意识调控躯体的内在运行,指向内部环境的所有生理活动;相应地,处于基础意识之上的则称之为"高级意识",高级意识调控躯体与外部环境的交互,指向生命个体在其所处外部环境的一切行为活动(图6-1)。

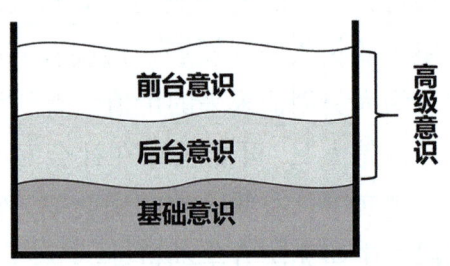

图6-1 意识结构

我们可以将所有的躯体与环境的交互(言行举止)、躯体的内部运转都理解为意识调控的结果,只是其中有

第六章 意识结构

些我们察觉到了，而有些我们没有察觉到而已。正如同我们看不到的不代表不存在一样，某些我们没有察觉到的东西也不代表我们意识中真的没有它。例如，身体内部的消化、呼吸循环过程，我们在绝大部分时间都未能察觉，但这些过程却在基础意识调控下精准运行。换言之，我们对于意识中的不同部分的察觉程度存在差异。在生命存活期间，我们无法完全关闭意识，除非死亡。

第一节 基础意识

在意识的概念中，我们可以将支配身体内部运行的各种意识信息、意识程序等理解为基础意识，这部分基础意识不被个体主观察觉，其运行是自动化的，如同计算机的基础系统程序及基础数据一样，是系统运转的基础。基础意识是生命体维持运转的基础，是与所有躯体组织、器官的生理功能相对应的。基础意识中的需要是先天设定好的，如身体发育的需要、呼吸的需要、食物消化和营养吸收的需要、循环的需要、体温调节的需要等。基础意识中的意识程序流也都是基础程序，小到受体结合、激素分泌、血液调控、免疫调控，大到消化调控、循环调控、呼吸调控、排泄调控等，在通常情况下都是不被个体察觉的，但这部分意识的确在真实运转，而且至关重要。

基础意识中的意识信息流包括对躯体内部环境变化信息的接收、记忆存储和表达。基础意识的信息流层面中，感觉通常都是感而未知，不被个体主观感知的；基础意识中的相关记忆基本不被个体察觉和回忆；基础意识中的表达则都是自动化的，而且不被个体主观感知，不受主观意志控制。例如，心跳、血压、胃肠蠕动、泌尿等一般都不被个体所感知，但在活动水平异常或病理状态下，则可能会被个体感觉到。基础意识中的程序流和信息流都是自动运行的、先天既定的，不需要个体主动学习的，不同的个体之间差别相对较小。

在大多数时候，察觉的意义在于个体能够对察觉的内容有所作为。一般情况下，我们对于自身内部的运转无法主观调控，察觉相关内环境变化就没有什么意义。但是当躯体内环境的某些变化超过一定程度时，可能意味着某种病理状态或过激的生理状态，这时我们对其的察觉便有了意义，此时我们可能需要及时就医，或采取措施缓和自身的过激状态。无论前者还是后者，都可以被视为生命体的一种自我保护机制，前者的"感而未觉"可以减少机体不必要的能量消耗，减少脑力消耗；后者的"感而知觉"可以提醒个体进行及时的调整与诊疗，继而促进机体的修复与功能的恢复。

第六章 意识结构

第二节 高级意识

根据意识被个体主观察觉和注意的程度,我们可以把高级意识简单分为后台意识和前台意识。从这个角度而言,基础意识基本上可以被看作是在后台自动运行的,不需要个体主观调控,只是没有被个体察觉和注意而已。前台意识是被个体主观察觉并被明确注意到的那部分意识。后台意识是除前台意识之外被个体搁置于后台的那部分意识。高级意识中的后台意识可以与前台意识相互转化。

一、前台意识

前台意识是个体此时此刻明确感知到的意识内容,包括感觉、记忆、表达以及某个意识程序(某种需要)等。例如,"我看到文字""我知道我是在看书""我记得其他书中的观点,我理解其中的意义""我推测他昨晚应该不在家""我想要出去旅游散散心",等等。

前台意识是个体能够完全察觉的那部分意识,它处于意识的"显示器画面"中。通常而言,前台意识是可知、可觉、可控的。个体知道自己的前台意识中在呈现什么,能够完全察觉,也基本可以控制想什么、不想什么、想多广、想多深、想多久。如果反复或持续出现失控的现象，有可能意味着意识存在某种障碍，这往往被看作是心理障碍或精神疾病的表现或前兆。

如图 6-1 所示，用水库模型来理解，前台意识就是水库中水体的表层，最容易被感知。

二、后台意识

后台意识是相对前台意识而言的，是此时此刻被个体放置于后台而暂不完全被个体察觉到的那部分高级意识内容，同样包括感觉、记忆、表达以及某个意识程序（某种需要）等，属于不被个体此时此刻专心注意而处在注意范围之外的内容，通常被模糊察觉或未察觉。在注意范围之外不被个体明确感知但实际上可能已经被个体意识后台自动运行的程序，可能因被个体暂时定义为"无意义、不必要、不重要"而被意识忽视，因而个体对于这部分内容便出现所谓的"不知道、不记得"等行为表现。

后台意识中也有深浅之分。后台意识中有一部分是个体需要兼顾完成的程序，这部分会反复转入前台意识而提醒个体。例如，非洲草原上的角马在吃草时，还要担心可能会被狮子猎食，即进食的需要在一定时候与安全的需要产生矛盾，吃草如果是前台意识，那么警觉自己的安全就是角马的后台意识。个体对于安全的需要会使得安全警觉不断反复进入前台，当安全警觉进入前台时，进食就成了角马的后台意识，这两者会适时相互转化（图6-2）。这种类型的后台意识由于经常转入前台而比较容易被个体感知到。

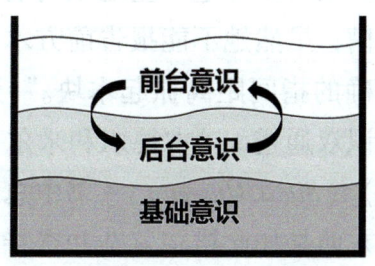

图6-2　前台意识与后台意识的转换

相对更深层的后台意识，则可以理解为当前虽然需要兼顾但暂时并非最重要的那部分意识内容，或被个体有意识或无意识压抑、隔离的那部分内容。

个体的某些过于熟练的意识活动可能不需要进入前台意识就能够顺利完成，于是也会将其置于后台完成。这些无意识的内容通常是个体不需要察觉就可以很好地完成的那部分内容，即使呈现于意识中也不会让个体产生消极情绪，只不过不必要罢了！例如，生活中对于骑车或开车很熟练的人可能并没有察觉到自己的那些细节动作，便不知不觉地到了目的地。

迈尔斯所著的《心理学》提到意识双通道的概念时，讲到一个个案："我在苏格兰大学逗留时，认识了认知神经科学家梅尔文·古德尔和大卫·米尔内。有一位他们称为 D. F. 的当地妇女，在某一天洗澡时发生一氧化碳中毒。脑损伤导致她无法通过视觉认出和分辨物体。但是她只是部分看不见,因为她的行为表明她仿佛是能看见的。她可以分毫不差地把明信片掷入垂直或水平方向的邮槽;虽然她不能报告前方木块的宽度,但是她能够以正确的指间距离抓起木块。"这一案例在书中被解读为意识双通道。"古德尔和米尔内在他们的著作《视而不见》(*Sight Unseen*)一书中总结道,我们称作视觉的这个东西是如此错综复杂和奇特。我们可能认为视觉系统是控制行为的一个系统,视觉引导行为,但实际上它是一个双重加工系统。视觉感知通道使我们能够创造精神内容,从而思考这个世界,识别事物和计划未来的行动。视觉行为通道指导我们当下的行为。"(戴维·迈尔斯著,《心理学》,人民邮电出版社2013年版,第83-84页)在我看来,她的"特异功能"是因为其并非真的看不到,只是看到而察觉不到,即"感而未觉",其看到后虽然感知不到,但其实已经接收相关信息,故其依然会执行相关行为动作。这种现象其实并不少见。梦游状态也与上面的情况比较相似。梦游者自己完全不知道自己的所作所为,但也能够适时躲避简单的障碍物,虽然动作有时不大精准。通常而言,上述感而未觉的自动化行为可能是个体从事过的相对比较熟悉的习惯行为。在这种行为中,个体的相关记忆存储相对丰富,感觉的引导功能参与度相对较低,感而知觉的必要性程度相对偏低;反之,在个体未从事过的相对比较陌生的行为中，个体的相关记忆存储相对贫乏，感觉的引导功能参与度相对较高，感而知觉的必要性程度就相对偏高。

基于当前的重要性，以个体的需要而论，居于首位的需要通常会成为前台意识，居于其后的需要就会成为后台意识。由于个体需要的多样性，每一种需要都有其相应的重要性，仅仅基于此时此刻此情此景而产生轻重缓急的程度差异，也会因时间、场景、优势需要的变化而出现前台意识与后台意识的不断转化。从时间的纵轴角度而言，每一种需要都要兼顾和完成，但从时间的横断面角度而言，此时此刻只有一种需要必须优先完成。因此，首要的任务永远都是完成好现在的事情，也就是与此时此刻此情此景相匹配的前台意识应该是最为重要的。对于普通人而言，"同时左手画方，右手画圆"是很难完成的，即使有些人可以完成，或许也只能理解为是个体的前、后台意识频繁转换所致。

高级意识中的感觉、记忆、表达信息通常是可能被个体察觉到的，前台意识中的信息流通常被个体完全明确察觉，而后台意识中的信息流则可能被个体模糊觉察或未被觉察。基础意识是先天形成的，而高级意识则通常是后天建构的。

无意识现象是人们在正常情况下觉察不到、也不能自觉调节和控制的心理现象。例如，人在梦境中产生的心理现象，多数是在无意识的情况下出现的。人们一般不能预先计划梦境的具体内容，也无法任意支配梦境的进程，但人的意愿和需要会不同程度地影响梦境的构建与进程。外界有些刺激能够影响人的机体状态和心理，但人不一定能意识到它的存在。例如，人们能够有意识地记住自己工作的地点，也能无意识地记住在大街上看到的一些事物，当有意识的外显记忆受损时，无意识的内隐记忆仍可能完好地保存下来，并对人的行为产生影响。（彭聃龄主编，《普通心理学》，北京师范大学出版社2019年版，第6-7页）

三、潜意识与后台意识

潜意识最早由弗洛伊德提出，并随着精神分析理论的广泛传播而影响深远。潜意识可以理解为被个体因各种动机遗忘、隔离、压抑、回避等而不被个体主观察觉的那部分意识。潜意识的内容通常会引起个体的负面情绪，从而被个体有意或无意地剔除在主观察觉范围之外，以便减少其对个体的负面干扰。例如，某些人经受强烈创伤刺激后的突然失忆，性侵犯受害者难以回忆受害的详细过程，等等。

弗洛伊德认为，意识是与直接感知有关的心理部分，潜意识则包括个人的原始冲动和各种本能，以及出生后和本能有关的欲望。这些冲动和欲望，因不容于风俗、习惯、道德、法律，而被压抑或排挤于意识阈之下；但是，它们并没有被消除，而是在不自觉地积极活动，追求满足。因此，潜意识部分是人们过去经验的一个大仓库。在意识和潜意识之间，弗洛伊德认为还存在一种前意识。在他看来，前意识就是在无意识中可召回的部分，也就是可以回忆起来的经验，潜意识则是不可召回的。（施琪嘉主编，《心理治疗理论与实践》，中国医药科技出版社2006年版，第88页）

人的某些意识可能会给自身带来痛苦和麻烦，也可能因造成与现实、伦理、道德的背离而带来压力。因此，个体会有意或无意地压抑某些需要，隔离屏蔽某些记忆，控制某些冲动。潜意识的存在是个体趋利避害的天性所致。例如，一个人因回忆过去自己被凌辱的往事而倍感痛苦，就可能有意或无意地隔离屏蔽这种创伤记忆，继而出现"完全康复"或"遗忘"的现象，但事实上它并未消失。又如，一个男性在目睹美丽性感的女性时产生性冲动，这时他可能意识到这是有违伦理道德的，从而压抑这种性需要，但事实上它也并未消失。潜意识会以一种常不为自身察觉的力量存在并持续影响个体，这也是后台意识的一种存在形式。

梦是最为常见的、比较典型的后台意识，也是经常被用来分析的潜意识材料之一。一位15岁的女生因为情绪问题就诊时，报告了她最近所做的一个梦："我正准备外出，刚坐上爸爸的车，这时听到一声巨响，虽然还没有回头看，但我确信是有人跳楼自杀了。我不想看到坠落的尸体，但还是忍不住看了，发现地上躺着一个光头的中年男性，地上没有血，他身上没有任何伤口，那人表情非常安详，像是睡着了一样。这时画面突然切入自己回家的场景，竟然看到刚才那个尸体在自己房间里的地下躺着，我心里在抱怨爸爸为何允许别人把尸体放在自己房间，我很害怕。这时我被吓醒了。"女孩说自己的家庭关系挺好，算是幸福的那种家庭，父母对自己要求不高，家庭和睦，自己也能够和父母谈心。自己现在上初三，在校成绩原本算是优秀，但最近成绩有些下滑（从全校前十名下滑到全校第66名），对现在的学校不满，目标是想要考入当地的一所重点高中，人际关系尚好，但自己在人际交往中比较被动，很少有深交的朋友。

从本质来说，梦是一种表达。因此，梦的主要材料是感觉和记忆。我们在睡眠中，梦的表达都是无意识的。我们对于感觉的察觉可能是模糊的、不准确的，环境刺激可能起到触发作用，对于记忆材料的选择同样具有模糊性、偶然性和随意性，但构建梦境的材料又并非完全随意。根据精神分析理论，梦境中的元素和材料都具有某种象征意义。上面举例的女孩所做的梦中，"光头"可以理解为一种不完好或不完整的形象，没有头发的光头代表一种缺憾的意义，"中年男性"可以理解为一种相对强势的高光理想状态，"光头中年男性的自杀"可以理解为失去了一个自己不太喜欢的东西，但"回家后发现尸体在自己家里，并抱怨父亲"可以理解为父亲

第六章 意识结构

要求自己面对这个自己不太喜欢的东西,而这个东西可能就是女孩的学习,虽然成绩下降,但她仍然需要面对。当然对于梦境的解读如同对于一本小说或一部电影的理解一样,"一千个读者,就有一千个哈姆雷特",仁者见仁、智者见智,并没有规范统一的标准答案。

由此可见,梦是潜意识的常见材料之一,而潜意识也是最为常见的后台意识之一。潜意识在个体意识警觉水平降低时更容易显露出来。

我们仍然以水库模型来理解意识。意识结构可以类比为水库的水体分层,最上层的表层水体显而易见,就相当于前台意识,中层的水体相当于后台意识,底层的水体相当于基础意识。上层和中层的水体可能因水流的涌动而相互转化,即后台意识可以转为前台意识,前台意识也可以转为后台意识。基础意识处于最底层,作为高级意识的基础,对高级意识形成支撑作用。

在意识结构中,高级意识中的前台意识一般会被个体所察觉,如同出现在显示器画面中一样;高级意识中的后台意识则不会被个体所察觉,但个体却可以将后台意识转换为前台意识,从而有所察觉,如同将原本不在显示器画面中的信息显示出来一样;而基础意识则基本不会被个体察觉,但在活动水平异常或病理状态下则会被个体察觉到一部分,但是也通常无法被完全驾驭控制。

第七章　意识水平

第一节　意识水平的生物学指标

　　觉醒和睡眠是人类的两个最基本也最常见的生理性意识水平。中医理论中将意识水平分为寤、寐，分别对应地指代觉醒与睡眠，中医典籍《类证治裁·不寐论治》这样论述："阳气自动而之静，则寐，阴气自静而之动，则寤。"除此之外，还有其他一些与睡眠状态相似的意识现象，一部分属于病理性呈现，如嗜睡、昏迷、晕厥等；一部分属于人为诱导出来的，如催眠状态等；还有一些与觉醒状态相似的意识现象，例如，梦游状态中，人看似觉醒但实则睡眠。

　　脑电波根据频率从低到高可分为 δ 波、θ 波、α 波、β 波、γ 波，相应的波幅则是由高到低。δ 波的频率范围为 $0.5 \sim 3.5$ Hz，波幅为 $100 \sim 200$ μV，在颞叶、枕叶较显著，主要出现在深睡眠或昏迷期；θ 波的频率范围为 $4 \sim 7$ Hz，波幅为 $50 \sim 100$ μV，在颞叶、顶叶较显著，主要出现在浅睡眠期；α 波的频率范围为 $8 \sim 13$ Hz，波幅为 $30 \sim 50$ μV，在枕叶较显著，主要在成人闭眼放松的觉醒状态下出现；β 波的频率范围为

13～30 Hz，波幅约为 30 μV，在额叶、顶叶较明显，主要在脑活动活跃状态如主动思考时出现；γ 波的频率大于 30 Hz。举例来说，在觉醒期卖力工作时，我们的脑电波是 β 波，而安静闭目养神时就进入了 α 波，一旦昏昏欲睡，这时的脑电波就是 θ 波，等进入深睡眠阶段，我们的脑电波就是 δ 波了。根据脑电波的频率高低，通常将频率较低的 δ 波、θ 波称为慢波，而将频率较高的 α 波、β 波、γ 波称为快波。

客观上，意识水平的高低可以大致以脑电波频率的高低来衡量。脑电波频率越高，意识就越趋向觉醒，神经系统兴奋，意识水平较高；相反，脑电波频率越低，意识就越趋向睡眠，神经系统抑制，意识水平较低。一旦脑电波消失，脑电图会呈现平直，如果超过临床观察时间窗，就意味着脑死亡。因此，脑电波是衡量意识水平的客观生物学指标。

人类的意识水平从兴奋到抑制，可以简单划分为觉醒与睡眠两种典型状态。但客观上，意识水平其实是一个连续的谱。觉醒是神经系统的兴奋状态，这时的意识水平偏高。觉醒时，个体有专注紧张状态，也有休闲放松状态，更多的是活动状态，但也有安静状态。睡眠是神经系统的抑制状态，这时的意识水平偏低。睡眠时，人脑既有慢波睡眠，也有快波睡眠，呈现一种明显的放松状态，更多的是安静状态，但有时也有动作行为。还有觉醒与睡眠之间的朦胧恍惚状态，这时是神经系统兴奋与抑制转换的过渡阶段，通常出现在入睡或苏醒阶段。

从时长而言，觉醒的意识状态几乎占据个体生命存活时间的三分之二，而睡眠的意识状态平均要占据人生的近三分之一时间。从这个比例来看，也可以显示出睡眠的重要性。但现实是更多的人认为觉醒状态更为重要，在此状态下可以做更多的事情，而睡眠似乎是在虚度光阴。在这里我非常想要强调一点，那就是睡眠与觉醒是相伴而生的，睡眠是为了更好的觉醒，更好的觉醒也有利于更好的睡眠，两者同等重要。有良好的睡眠才会有良好的觉醒，有良好的觉醒才能更好地完成各种所需活动，各种需要的满足才能使我们的睡眠更好；睡眠不好会影响觉醒状态，而觉醒状态不良也会影响睡眠状态。两者互相影响，互惠互利，一荣俱荣，一损俱损。

在意识的水库模型中，我们可以用水位的高低来表示意识水平的高低，水位线高通常对应觉醒，水位线低通常对应睡眠，一旦水库干涸，那么就等同于意识的消亡，也就是死亡。

经过前面的讨论，我们知道睡眠可以理解为动物周期性出现的以感觉和表达普遍降低，高级意识程序趋于暂停为表现的可逆性静息状态。任何高级意识程序都会干扰睡眠。如果把睡眠也看作一个意识程序，包括睡眠程序在内的两个或多个程序并行则是影响睡眠的主要心理机制。警觉水平偏高很容易影响个体的睡眠。

第七章　意识水平

第二节　觉　醒

觉醒是一种在自然生理条件下相对普遍的兴奋状态，此时机体对外界刺激的反应性升高、意识活动增强，这期间动物会有效利用机体能量完成各种行为活动，以利于包括生存繁衍在内的各种需要的满足。觉醒状态下，个体工作或者活动时，其脑电波大多处于β波或γ波，安静闭目养神时，就进入α波。觉醒时，个体意识与环境刺激保持充分接触，个体可以感知周围的环境变化，可以感知自己的高级意识活动，可以支配掌控自己的躯体，执行大脑的意识指令，完成各种行为活动，进而满足自身的各种需要，周而复始。

在觉醒期，个体的神经系统处于兴奋活跃状态。机体对外界刺激的反应性充分，感官开放，在感觉—记忆—表达的信息流上表现活跃。个体可以对环境刺激充分感知，也可以有意或无意地记忆和表达，主动支配躯体完成各种行为活动。个体可以察觉自身当下的主要需求，在意识的程序流上可以按顺序完成各种活动以满足自身的各种需要，并及时转换。从意识结构的角度来看，个体在觉醒期时除了基础意识，高级意识也完全开启，前台意识和后台意识充分运行，两者之间适时转换，可以及时完成个体当下认定的主要任务（图7-1）。

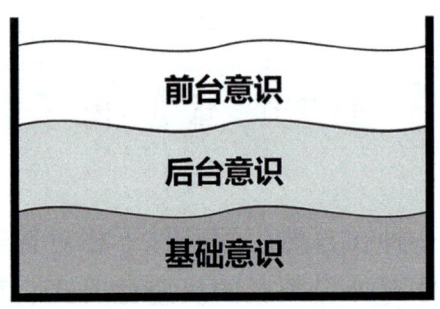

图 7-1 觉醒期的意识结构

觉醒状态的重要性毋庸置疑，个体生命中大约三分之二的时间都是觉醒时间，人类的大部分活动都是在觉醒状态下完成的，如学习、工作、生产、社交、饮食、排泄、装扮、购物、交通等。觉醒是个体完成生存繁衍任务最为重要的一环，个体在觉醒期可以满足自身所需的大部分物质需要或感觉需要。如果个体在觉醒期能够更好地满足相应的任务以满足需要，那么也能够更好地促进睡眠。

第三节　睡　眠

睡眠是一种周期性、可逆性、自发性和生理性的静息状态，表现为机体对外界刺激的反应性降低和意识活动的减弱，中枢神经系统在自然生理条件下逐渐进入普遍抑制状态，这使动物的能量得到贮存，有利于其精力体力的恢复。睡眠是为了更好地觉醒,更好地满足个体的所有需要,以便完成生命历程。

从意识的躯体基础而言,解剖结构并未改变。微观生化层面可能会出现相应的某些变化,这会配合个体更好地进入睡眠状态。电生理层面,个体在慢波睡眠时,可以监测到的脑电波频率出现明显下降,多呈现 δ 波、θ 波,脑神经活动处于抑制状态。而个体在快波睡眠时,多呈现 α 波、β 波,则可能在保持睡眠连续成片的同时,兼顾了适度警觉和保证睡眠。

从意识信息流的角度而言,睡眠状态下个体的感觉器官对环境刺激的感知力下降,感而知觉显著减少,闭眼等躯体动作使感觉器官的功能关闭或下降,在躯体活动减少、安静和黑暗状态下,视觉、听觉、触觉等感官意识的输入信息明显减少。而个体的记忆并没有明显变化,意识的存储信息处于相对稳定的状态。睡眠状态下的躯体极度放松,使得躯体行为或动作明显减少,主动的思维活动基本暂停,表达信息同步降低,信息加工与提取明显减少甚至停止,意识的输出信息尤其是躯体行为调控明显减少。

从意识程序的角度而言,睡眠状态下个体优先满足自身的睡眠需要,其他需要则暂时搁置作为次要,因而其他非睡眠需要驱动的所有意识活动都明显降低。但在个体关注的某些需要上,仍可能会因高警觉状态而使个体在睡眠状态下仍保持一定的意识程序运行。此时,个体会对某些自身在意的环境刺激相对高敏继而容易出现反应，个体的优势需要也会驱动意识出现某些自动化表达，如梦境，其材料当然主要是感觉和记忆，表达大多是内隐性表达，在意识程序驱动足够强烈时，也会出现外显性的表达。

睡眠可以理解为动物周期性出现的以感觉和表达普遍降低、高级意识程序几乎暂停为表现的可逆性、生理性的静息状态。如果把睡眠也看作一个意识程序，睡眠程序的目标在于尽可能地关闭或暂停所有其他高级意识程序，并在一定程度上降低基础程序的运行水平，使个体满足睡眠的需要。

从意识结构而言，觉醒时，个体基础意识和高级意识都比较活跃，前台意识的影响程度更为明显，后台意识的影响时间更为长远，意识水平较高。睡眠时，个体基础意识和高级意识都相对抑制，是高级意识开启最少的时间段，意识水平明显下降。睡眠时，个体通常仅仅存在低水平的基础意识和少量的后台意识，而且所存在的基础意识和后台意识的运行水平都较低，大多数时候个体无法即时察觉，仅仅有时能够事后回忆（图7－2）。睡眠期间，当后台程序持续运行时，对于意识的感觉信息会结合记忆进行自动化的后台加工，若个体睡眠深度相对不足，就会容易对此过程形成记忆，醒后便容易回忆，这就是梦境。睡眠期间，当某种相对强烈的需要引导的后台程序运行水平偏高时，个体就会觉察，而且一旦超过一定的强度，可能会明显干扰睡眠而表现为难以入睡。假如高级意识完全停止且基础意识还有一定程度的下降，这时或许可以看作是理想的睡眠（图7-3），但就难以兼顾其他方面了。

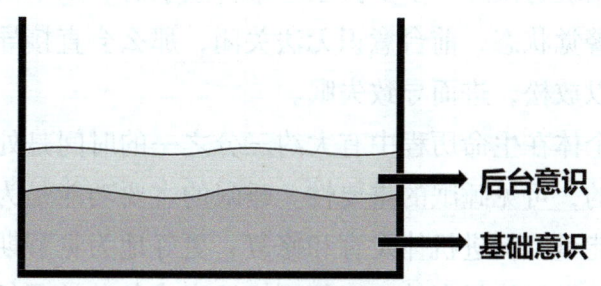

图7-2　睡眠期的意识结构

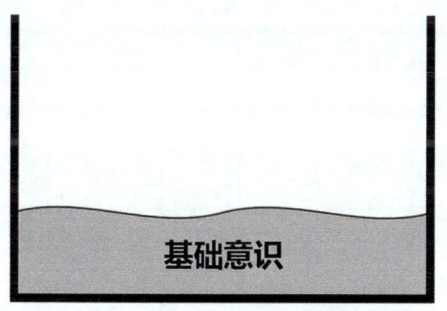

图7-3　理想睡眠时的意识结构

从意识结构的角度而言，睡眠状态下，个体的前台意识基本关闭，后台意识也明显减少，高级意识整体上明显下降，基础意识的活动水平也在一定程度上下降，尤其是循环系统、呼吸系统等方面。

如果个体非睡眠的某些需要驱动力过高，会干扰睡眠需要的满足。个体的某些高警觉状态可能导致睡眠障碍。在高警觉时，睡眠中的后台意识可能出现高运转状态，表现为浅睡、多梦甚至思维持续状态。如果出现更高的警觉状态，前台意识无法关闭，那么会直接导致个体难以放松，进而导致失眠。

个体在生命历程中有大约三分之一的时间是处于睡眠中的，可见睡眠的重要性。睡眠的主要功能是为机体保存能量，促进机体发育和修复，更好地为觉醒期的各种活动做好能量存储，以便更好地完成各种觉醒任务来满足机体的各种需要。

第八章　意识的整体理解

第一节　对意识的多维和整体理解

一、意识的个体表现

生命体具有物质的形态，呈现一种有序的物质存储和流转。意识则是一种能量形式，呈现一种有序的能量存储和流转。物质的流转需要能量的驱动，而物质的流转也会产生能量，物质与能量之间是会相互转化的。物质是有形的，能量是无形的，基于有形的物质基础的能量更容易呈现有序的流转，而意识的这种能量流转也是为了驾驭物质的流转。因此"意识到底是什么"这个问题的答案也就容易浮出水面。意识是以物质为基础但又高于物质的一种存在。意识作为一种高级存在，可以有目的、有组织、有选择地在一定限度内驾驭物质，使物质按需存储和流转，满足生命体的需要。

随着科学的进步、社会的发展，我们都在不断了解自身所处的环境，并适应环境、利用环境、改造或控制环境，这本质上都是在竭尽所能地驾驭物质，在根本上当然也是为了自身的生存和繁衍。个体对财富、权力的追逐根本上也是在最大限度地驾驭物质、驾驭人,本质上依然是为了自身的生存和繁衍。

从躯体层面而言,食物、水、空气等以物质的形式被摄入躯体,并进行进一步的物质转化,有用的为己所用,没用的会排出体外。而环境刺激以能量形式被生命体摄入,并进行进一步的能量转化,成为意识材料或为躯体服务。

在大多数心理学家看来,意识被理解为"我们对自己和环境的觉知",这种对于意识的理解是狭义的,这个狭义的意识理解其实仅仅是我们讨论的意识结构中的高级意识。我认为,通常所说的"心理"的含义与狭义的意识含义是相似的,都主要指高级意识。现代心理学的研究指向的也主要是高级意识。但事实上,高级意识仅仅是意识中的一部分。因此,我们需要完整且全面地审视意识。

经过前面章节的论述,我们了解了意识的五个维度,即意识的物质基础、意识的信息流、意识的程序流、意识结构和意识水平。从意识的水库模型而言,我们需要了解水库的地基地理状况如何(这相当于意识的躯体基础),也需要了解水从何而来(这相当于意识的输入信息来源——环境刺激),来的是什么水(这相当于意识的输入信息——感觉),水库里存储的水如何(这相当于意识的存储信息——记忆),流出去的水有什么(这相当于意识的输出信息——表达),流向何方

（这相当于意识的外显表达），驱动水流的动力有哪些（这相当于意识的程序——需要），水体的整体结构如何（这相当于意识结构），水位高低如何（这相当于意识水平）。理解意识就如同想要深入了解一个人，不仅仅需要知道其姓名、籍贯、工作和学习能力、道德观、价值观，还需要了解其成长经历，了解其原生家庭，了解其充实忙碌的样子，也要了解其休闲的状态。全面且深入的理解是有必要的，也是重要的。

意识过程大概是这样的：处于一个环境中的人会通过感觉器官或感受器监测内外环境的变化，基于自身的需要去注意当下对自己更有意义的事物，当感官和心理聚焦后，个体会调动自己的记忆资源，结合自身需要，对感觉信息做必要的加工处理，形成意愿来驱动个体产生动作行为，以满足自身的需要，如此循环，周而复始。

二、群体意识

前面我们着重论述了意识的个体表现，建构了意识的水库模型。这个模型能够更好地解释关于意识的几乎所有现象。不同的水库之间如何互动？彼此如何影响？多个水库之间是否存在共性？这就衍生出了群体意识的概念。意识在群体中的表现更加复杂。

从意识的信息流而言，群体的信息仍然以感觉的形式被输入每一个个体，但群体的意识输入通常是在某个时间、某个场合接收具有同质性的内容,这些内容会被即刻转化为记忆,并产生大致类似的表达倾向。例如,在学校教育中,所有学生在上课期间都会接收基本相同的教学内容,这些内容会成为记忆,并产生类似的表达。这其中一部分是数学、物理、化学等自然科学性的内容,其在全世界范围内几乎没有差异,所有人都能基本达成共识;另一部分是文学、历史、艺术、道德、法律等社科文化类的内容,这在不同地域或国家之间可能存在明显差异。在生活家庭教育中,相对于学校教育而言,其同质性有所下降,变化和差异更加明显,输入的内容不同,输出的表达当然也变得更具差异。例如,在不同地域、不同国家、不同民族中,语言文字、信仰、价值观、文化、风俗、家教、习惯、观念等差异巨大,会形成各具特色的不同需要,大部分人会无意识地遵从或不自主地被影响。

人际互动是群体意识的基础。个体身处人际交往中,会接收各种信息,同样也有必要及时输出经过加工的信息,通过这种表达才能在群体中产生影响力。在社会生活中,沉默者的影响力是相对微弱的,而作为表达媒介的媒体则有着非常强大的影响力。

社会心理学是系统研究社会心理与社会行为的科学。它研究大团体中的社会心理现象,如社会情绪、阶级和民族心理、宗教心理、社会交往与人际关系等;也研究小团体中的社会心理现象,如团体中的人际关系、心理相容性、团体气氛、领导与被领导、团体的团结与价值定向等。社会心理学还研究人格的社会心理学问题，如人格倾向性、人格的自我评价、自尊与自重等。（彭聃龄主编，《普通心理学》，北京师范大学出版社2019年版，第16页）由此可见，社会心理学研究的主要问题就是群体心理。

第二节 注意与关注

一、注意

彭聃龄的第五版《普通心理学》在第198页至第200页中这样描述注意：注意是和意识紧密相关的一个概念，但不同于意识。简单地说，注意是心理活动或意识对一定对象的指向与集中。注意有指向性与集中性两个特点。注意的指向性是指在一瞬间，人的心理活动或意识选择了某个对象，而忽略了另一些对象。当心理活动或意识指向某个对象的时候，它们会在这个对象上集中起来，即全神贯注起来，这就是注意的集中性。如果说注意的指向性是指心理活动或意识朝向哪个对象，那么集中性就是指心理活动或意识在一定方向上活动的强度或紧张度。人在高度集中于自己的注意对象时，注意指向的范围就会缩小。这时候他对自己周围的一切就可能"视而不见，听而不闻"了。从这个意义上说，注意的指向性和集中性是密不可分的。

注意的主要功能是对信息进行选择、聚焦，为当下的意识活动提供基本材料。我们所处的内、外环境给了我们非常多的环境刺激，这些刺激会转化为许多不同的感觉信息输入我们的意识。就当下而言，基于对个体意义的不同、个体需要的不同，这些感觉信息中必然存在轻重缓急等重要性差异，有的对个体非常重要，有的则没那么重要，而有的毫无意义，甚至还会干扰当下正在进行的活动。个体要更好地生活与工作，就必须选择当下更为重要的信息，排除无关信息的干扰，这是注意的基本功能。注意就像是一块砧板一样，需要把当下要用的食材放在砧板上，而其他无关的食材则需要放在一边，这样才有助于更好地完成当下需要做的菜品。

注意对信息的选择会受刺激物的物理特性、人的需要、兴趣、情感、过去的知识经验等多方面的影响。个体容易注意到内、外环境中的某些明显变化或基于整体背景的突出部分，如白纸上的黑点、黑夜里的亮光。个体容易对活动变化的环境刺激产生注意，如视觉范围内的活动物体或闪光。个体对于环境刺激中的显著变化更容易注意，主要原因在于环境中的变化部分相对于恒定部分对个体的意义更大。个体一般会倾向于注意个体自身的优势需要或优势动机所驱动的当下心理行为活动，例如，我们在驾驶车辆时对路况变化的注意就非常重要。个体也更容易注意与自己的兴趣爱好相关的内容，

第八章 意识的整体理解

例如，我们浏览门户网站时容易关注自己比较感兴趣的内容。个体还会基于某种经验而对某些环境信息特别容易注意，如"一朝被蛇咬，十年怕井绳"，被蛇咬的经验使人对与蛇相似的物体都容易产生注意警觉。

从前文所述，我们应该清楚，心理活动属于意识，意识是更高一级的概念。注意是意识的基本功能之一，注意的功能就是对对象进行选择。而注意的对象则不仅仅是外部环境刺激。简单而言，注意的对象应该包括两类，一类是物质对象，既包括外环境（外部环境刺激），也包括内环境，即自身身体内部的环境刺激。例如，我们注意到汽车驶过，我们注意到有汽车鸣笛，这些都属于外环境。又如，我们注意到自己腹痛、心悸，这些属于内环境。另一类是意识对象，即自身的意识活动，例如，个体专心回忆过去事情的某些细节，个体思考某个问题。当我们注意对象缺乏或无法注意时，或许我们正在发呆，或许我们正在睡觉。

对物质对象的注意都需要感觉器官的参与，感觉器官接收到环境刺激后才被我们所注意。环境刺激与感觉基本是相对应的，个体能够注意到的这部分感觉信息一般都是感而知觉，因此在本质上注意的对象也可以统一理解为意识信息，包括意识的输入信息（感觉）、存储信息（记忆）、输出信息（表达）和需要。

我们可以把注意的对象称为注意焦点。感觉器官对环境刺激会存在感觉焦点，这在视觉中比较典型，人眼在眼球固定时，视野内的焦点之处是成像最为清晰的。听觉、触觉等感觉中刺激强度最大的那部分也可以理解为感觉焦点。大多数时候，感觉焦点与注意焦点是一致的。但有时也会出现感觉焦点与注意焦点不一致的情况。例如，个体可能会注意自己视觉余光处的事物，或在嘈杂的环境中注意聆听朋友说的话。这种情况下个体的注意很容易被干扰而转移。

我认为注意的含义应该包括两个方面，除了前面我们讨论的意识对其对象的指向与集中，还应该包括意识对其对象的察觉。注意在某种程度上与我们在前面所说过的意识察觉有些相似。在我们的意识中，存在着一个类似监视器（显示器）一样的功能架构，在意识监视器上显示的内容就包括我们当前感觉的、记忆的、表达的、需要的等意识察觉的内容。但是，很显然，没有显示在监视器上的内容并非不存在，仅仅是没有被显示而已，那些未被显示的意识依然在运转。在监视器（显示器）上显示的所有内容也并非被意识一视同仁地察觉，而是存在聚焦与非聚焦的差别，聚焦就是意识对某个对象的指向与集中。在很多时候，意识察觉的内容与意识注意的内容可能是相似的，但理论上，意识察觉的范围要比意识注意的范围更广，即注意是对某个意识察觉内容的选择性集中。

我们在讨论注意时往往都基于个体的意识水平处于觉醒状态。一般在相对良好的睡眠状态下，个体前台的意识和后台意识都基本关闭，注意功能也基本暂停，就相当于监视器（显示器）关闭。但事实上或许并非完全如此。例如，我们有时在睡梦中还会察觉到自己其实在做梦，希望自己快点醒来；个体梦游时，也会躲避障碍物；有时即使睡着了，但梦境中还都是惦记着工作，等等。因此，在某些睡眠状态下，个体仍处于高警觉状态，虽然前台意识基本关闭，但后台意识仍部分运行，注意功能并未完全停止，就相当于监视器（显示器）有时开，有时关。无论如何定义概念，有一点可以明确，在不同意识水平下，意识都可能存在注意。但显然觉醒状态下这种对对象的选择、集中与察觉是更具效率的、更为明确的，个体也可以更加主动自如地支配躯体完成各种行为活动。

二、关注

关注是个体在某一段时间内对某个或某类对象的反复选择、指向与集中。例如，球迷经常关注足球类的信息资讯，小朋友可能会关注动画影视内容，某女生更容易关注美妆类的内容，某患者非常关注自己的健康。关注对象的选择与个体的兴趣、专业、需要等密切相关。

个体在生存过程中，对于自身期望的、好的对象和行为，都会逐渐地习以为常而认为理所当然；而对于自身回避的、坏的对象则倾向于认为不应该，反而可能予以更多的关注。这种关注习惯可能会引发更多的负面情绪而使个体产生情绪困扰。因此，如何适时适当地选择关注点是非常重要的。

第三节　对部分意识现象的理解

一、意识的界限

界限，指一个范围或边界，用来区分两个不同的事物或区域。然而，仅仅存在物理界限可能是不够的，系统还应该对越界者采取一定的处置措施，如接受、拒绝、隔离等，因此，系统的界限就有维持"自我"稳定发展和管控"非我"进出的意义。这样来理解，意识的界限就有了管理、监控、免疫的意义。躯体的界限是非常明确的，"我的"与"不是我的"的界限非常明确。而意识的界限就没有躯体的界限那么清晰、明确。意识之于躯体就如同能量之于物质，同理，我们会发现物质的界限一般要比能量的界限更加清晰和明确。这恰恰说明我们有必要思考"意识的界限"这个问题。

我们都知道，个体的躯体存在天然的免疫系统，该系统会随着环境不断地刺激而逐渐完善，计划免疫接种就是主动构建防御屏障的一种方式。这个防御屏障可以使机体抵御外来物质的侵扰，对异己的物质有排斥作用，使自身机体保持相对的独立性、独特性和完整性，起到自我保护的作用。免疫系统能够使生命体自身的物

第八章 意识的整体理解

质躯体保持相对的稳定性，以免异己物质轻易地进驻躯体而改变自身结构，这是相当重要的。当免疫系统薄弱时，生命体就很容易受到其他物质或微生物的侵袭，这当然也就很容易威胁到自身的生存与繁衍。

如同躯体一样，意识也存在类似的"免疫系统"，这个系统起到防御的作用，在自我意识与外来意识之间建立一堵无形的围墙，设立自我意识与外来意识之间的界限和屏障（图8-1），以便对输入信息做出一定的甄别与筛选，就如同我们对于食物的选择一样。意识的防御免疫系统可以保护自我意识不被轻易改变，对有害或错误的输入信息进行及时屏蔽或更正，对有益或正确的信息则予以接受，在保持自我意识完整性、独立性的同时，不断完善、构建和提升自己。

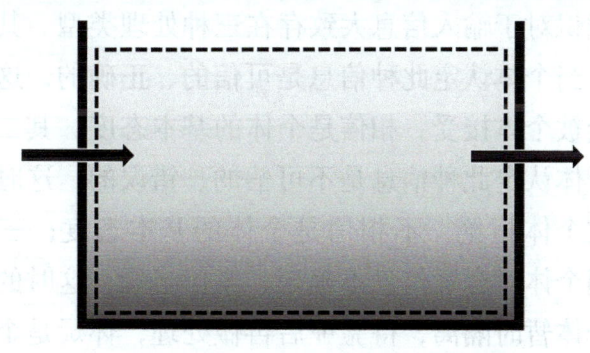

图8-1 意识的界限

大量的各种各样的环境刺激信息通过感官通道被输

入意识并被接收。当今我们处在一个信息爆炸的时代，信息量巨大。如果我们的意识没有界限，所有输入的意识信息都可能对个体意识的独立性、完整性产生巨大冲击，任何输入的意识信息都可能会成为自己的意识。一旦自身能够如此轻易被改变，那么"我"就不再是"我"，很容易变成"你"、变成"他"或者变成"它"。因此，界限是一个非常重要的问题。意识需要有自身的边界，对所有外来信息有所防御、筛选、甄别，选择合适的信息为我所用。这就如同我们的躯体对于摄入物质的处理一样，我们的身体会对摄入躯体的物质进行筛选、甄别，选择合适的摄入物质为我所用，不合适的则可能通过呕吐或腹泻等方式予以排除，"取其精华，去其糟粕"，这也是为了保证躯体相对的独立性和稳定性。

意识对于输入信息大致存在三种处理类型。其一是接受，当个体认定此种信息是可信的、正确的，这时的信息会被个体接受，相信是个体的基本态度；其二是拒绝，个体认定此种信息是不可信的、错误的，这时的信息会被个体拒绝，不相信是个体的基本态度；三是隔离，当个体对存疑信息不确定、半信半疑，这时的信息会被个体暂时隔离，待验证后再做处理，怀疑是个体的基本态度。但是有一点我们需要清楚，被隔离的信息客观上仍然是已经被接受，只是对其是否错误不够明确，因此隔离的态度仍然有接受的倾向，一旦被隔离的信息

第八章 意识的整体理解

没有及时被澄清确认，这类隔离的信息在长时间后比较容易被不知不觉地"接受"。在现实生活中，部分人对于谣言的不经意传播就是因为没有及时确认其对错就倾向于接受，便不知不觉地帮助其传播，这才造成了谣言的扩散。对完全陌生未知的信息内容，由于无法评估其是否可信，这时比较容易出现先入为主而倾向于接受的情况，当然这类信息也可能被隔离。上面我们所讨论的可信与不可信、正确与错误都只是个体自身的判断，与客观现实未必相符。例如，一个精神病患者的异常言行被身边的很多人或医生判断为有问题，需要及时接受治疗，但患者自身却会倾向于合理化自己的所有"异常言行"，从而认为自己没问题，故而会拒绝家人与医生的建议。

我们身处信息爆炸的时代，获取信息的渠道非常多，获取信息也变得非常容易。但我们却非常需要对信息有足够的辨别和筛选能力。当某人听到友人说"安眠药容易依赖成瘾，千万不要吃"的时候，如果信以为真，马上停用了正在服用的安眠药，就可能说明其意识缺乏防御，"一听就信"。当我们的意识被输入某个信息时，我们会自动予以评估，如果我们认为其是可信的或正确的，信息就会被我们接受；如果我们认为其是不可信的或错误的，信息就会被我们拒绝；如果我们无法认定其是否可信或是否正确，信息就会被我们隔离，我们有可能习惯性任选其一、搁置或者尝试求证。通过人际沟通或查阅相关资料去求证的做法是应该被鼓励的。

意识免疫的关键在于个体能否清楚鉴别客观内容与主观内容。例如，我们在某媒体上看到了一则关于某男子因十元钱杀人的新闻，我们的认知应该是"某媒体上报道了一则关于某男子因十元钱杀人的新闻"，这属于客观内容；如果我们的认知是"某男子竟然因十元钱就杀人"，这时我们下意识地就认为该事件是真实发生的，这其实是主观内容。在新闻报道中，一般需要标明新闻的来源出处，例如"据新华社消息……"，这也是信息客观性的表现之一。

每个人都会存在服从权威的倾向。这里所说的权威并非公认的权威，而是个体自以为的权威，是此时此刻在个体内心树立起来的"权威"。例如，个体在看到一个短视频内容时可能会轻易因为屏幕字幕上的某专家教授而即刻将其认定为权威，继而就可能对该短视频的内容深信不疑。

很多人还容易听信关系亲近者的言论，因为彼此关系亲近，个体的意识防御会减弱，诸如父母、兄妹姐妹、三姑六婆或者好友的某些言论观点，都比较容易干扰个体的判断。因此我们在面对任何人时意识上都需要对于输入信息有一定的筛选甄别，对不同人我们所持有的信任度会有所区别。所谓的"家贼难防"，是因为我们对关系亲近者的信任度更高，但这也可能成为一个漏洞而被恶意利用或导致"好心办坏事"。个案传说会增

第八章　意识的整体理解

加上述言论观点的可信度。但殊不知，个案传说可能是杜撰演绎的，也可能是移花接木的，还可能包含不合理的推理判断等，故而未必是真实的。

很显然，不同年龄的个体其自身的意识免疫系统差异巨大。个体的意识免疫系统经历了从无到有、从有到逐步提升的过程。刚来到这个世界的婴幼儿，其意识防御力相当低下，几乎为零，如同白纸一样。这时养育者和教育者对其进行适当的意识输入就显得非常重要，这也是教育的关键所在。俗话说的"三岁看老"也是意在强调早期家庭教育的重要性。青春期时，个体身体发育趋于成熟，意识的独立性会有明显的跨越式发展，这时期容易出现的叛逆也是意识免疫系统的表现之一。但很明显，这时并非个体真正的成熟。成年后，个体的意识免疫系统趋于成熟，但这种成熟是相对的。这需要经验、知识、社会阅历、人际交往等多方面的积累，也需要不断地自我提升和纠错。青年人虽然知识储备可能比较丰富，但其经验与阅历相对缺乏，因此也比较容易受到信息干扰。我们还可以发现很多高级知识分子或阅历丰富的人士依然会陷入传销或诈骗陷阱，这也提示我们意识的防御围墙永远没有彻底完成的一天，需要终生建设和加固。

影响信息判断评估的因素很多，如信息的来源、提供信息的人、信息与自身评价倾向的相符程度（个体通常有证明自己观点的倾向性）等。

如同物质被摄入人体后一定会影响我们的躯体一样，只要信息输入意识，也就是我们只要感觉到了某种环境信息，就必然会对我们的意识产生影响。例如，我们在网络上看电影前的几秒到几分钟的广告，或许我们对其不以为意，但久而久之我们就可能逐渐地放松戒备而被潜移默化地影响。这也是摄入物质之于躯体与输入信息之于意识的重要不同。物质是相对有形的，物质的边界是相对清晰的，而能量是相对无形的，能量的边界是相对模糊的。因此，杜绝某种物质摄入是可能的，但完全杜绝某种环境刺激摄入则是相对困难或者不可能的。这提醒我们，意识输入无处不在，意识的界限需要保持，需要对外来信息做出筛选甄别，并不断在此过程中提升筛选甄别能力。

如果意识的防御围墙比较薄弱、输出信息者足够权威或者信息来源比较单一，则比较容易被输入意识。所谓的"人云亦云"就类似如此。意识免疫系统薄弱会使自身的意识变得羸弱，很容易被"感染"，很容易被"意识植入"，很容易被欺骗，很容易轻信传言或谣言，也就很容易被别有用心的人利用。

如同躯体一样，如果免疫系统过强，过度防御，就会导致即使有益的东西也被排斥。例如，某些高敏体质的人会对普通的肉蛋奶过敏，导致营养摄入的障碍，影响个体的生长发育。意识的免疫防御如果过强，也会导致有益的信息无法被接受，从而造成自我、多疑、偏

第八章　意识的整体理解

执，影响个体的心理发育，继而影响其行为活动，影响社会群体适应。例如，如果患者多方就医都听到自己的主诊医生说应该采用药物治疗，但其仍然不相信医生所说的，或许这时的意识防御就显得过强了。意识的界限如同一扇隐形的"门"，需要有"开"有"关"，必要时的开门，可以使个体摄入有益的信息、强化自身，有利于自身需要的满足；必要时的关门，也可以使个体抵御有害的信息、保护自己，同样有利于自身需要的满足。不适当的开门或关门都是有害的。

系统对于意识界限的管控可以理解为意识的免疫系统，它对于对的东西予以放行接受，有利于自身而变得越发强大；对于错的东西予以拒绝抵御，以免有害于自己，使自己被污染蛊惑。意识的界限使个体形成相对独立且稳定的自我，这时"我"才是我，才是我的，而不是"你"，不是你的，更不是"他"或他的。每个个体的意识都是独特的，独特性是绝对的。但不同个体之间也有不同程度的相似性，相似性是相对的。相似性的不同程度造就了不同的群体，形成了诸如不同观念、不同爱好、不同职业、不同地域、不同民族、不同信仰、不同国家的群体。

做一个类比，随着社会发展，会出现相对明确的食物种类，这些食物对于普通健康人当然都是相对安全的，对于躯体而言，这些摄入物质（如食物、水、饮料等）经过筛选、分类、规范后，我们便可以放心摄入。

我们的意识也同样如此。不同社会都会相对规范地梳理相对安全无害的各种信息，这些输入信息对于当下的普通人都是相对安全的，对于意识而言，这些输入信息（包括新闻媒体、出版物、网络信息等）同样经过筛选、分类、规范，我们便可以放心感知接收了。相应的社会制度也都在规范我们意识的输入信息、输出信息。例如，反邪教宣传就是为了普通民众能够不被别有用心的人蛊惑，反诈宣传就是为了普通民众了解诈骗的常见伎俩，这都是在强化我们的意识边界，客观上可以帮助我们建立意识心理的免疫系统。因此，在社会生活中，政府管理部门对于各类信息的筛选与管控是非常必要的，也是非常重要的。

相对而言，物质的边界是清晰的，而能量的边界是模糊的。因此，意识的边界、意识免疫同样是相对模糊的，绝对地将"非己"排斥隔离在外是不可能的，自我意识界限的维持、保护和对有害信息的意识免疫都是相对的。

二、学习

学习是个体在一定情境下由于反复地经验而产生的行为或行为潜能的比较持久的变化（彭聃龄）。学习的目的在于获得知识、经验、技能，更好地满足自身需要、适应环境，以利于生存和繁衍。

根据前文对于意识的信息流与程序流的论述，我们

第八章　意识的整体理解

可以把学习理解为个体基于不同需要而建立的新的意识表达。下面我们分别来论述目前常见的主流学习理论。

1. 经典条件作用（巴甫洛夫）

巴甫洛夫是一位著名的生理学家。他与助手在对狗的研究中发现，当助手给狗食物时，狗吃到食物，会分泌很多唾液；此后又发现狗只要看到食物就开始分泌唾液；再后来，只要听到助手的脚步声，狗似乎知道马上就可以吃到食物了，唾液的分泌开始增加。巴甫洛夫系统研究了这种现象，提出了"条件反射"的概念，后人称之为"经典条件作用"。巴甫洛夫因对动物消化腺的创造性研究而获得1904年诺贝尔生理学或医学奖。

原本的生理反射：需要驱动（需要食物、消化食物）→感觉（吃到食物）→记忆（原始的生理记忆）→表达（分泌唾液）。

学习后的生理反射：需要驱动（需要食物、消化食物）→感觉（听到脚步声）→记忆（曾经反复听到脚步声后随即就会有食物）→表达（推断即将获得食物，提前开始分泌唾液）。

个体的既往经验（听到脚步声就很快有食物的记忆）使得其对某些环境刺激（脚步声）赋予了很可能会产生某种结果（得到食物）的预判，从而满足自己的某种需要，这就是学习理论中的经典条件作用。这本质上其实是感觉—记忆—表达与某种需要形成的联结，即意识的信息流与需要程序的联结。

2. 操作性条件作用（桑代克、斯金纳）

20世纪30年代后期，行为主义心理学家斯金纳设计了"斯金纳箱"，用来研究各种动物的行为。实验中，动物从在初始的混乱动作中无意触碰到了杠杆，得到了食物，学会了按压杠杆与得到食物之间的联结。

需要驱动（满足对食物的需要）→感觉（身处相似场景）→记忆（曾经偶然触碰杠杆后得到食物）→表达（按压杠杆）。

个体的既往经验（无意触碰到杠杆就得到食物的记忆）使得个体对某些行为表达（触碰杠杆）赋予了会产生某种结果（得到食物）的预判，从而满足自己的某种需要（进食的需要）。这就是学习理论中的操作性条件作用。与经典条件作用一样，这也是意识的信息流与需要程序形成的联结。不同点在于，经典条件作用中，个体是在观察中发现环境刺激与需要满足的相关性，而在操作性条件作用中，个体是在行为尝试中发现某种行为表达与需要满足的相关性。

如果反复地经历"听到脚步声后就出现食物"，这种经验便会被个体反复记忆并逐渐习得，相关的惯性预判就会得到强化。反之，如果有时"听到脚步声后就出现食物"，有时"听到脚步声后也不会出现食物"，这时个体就会对相关内容重新记忆，重新评估两者的相关性。大概率出现时，记忆就会被强化；小概率或不会出现时，记忆则可能消退。

第八章　意识的整体理解

例如，一个孩子在和妈妈逛街时看到了自己喜欢的玩具，于是向妈妈示意想要得到，但被妈妈拒绝，孩子开始哭闹，甚至躺在地上撒泼打滚，最终妈妈还是买了玩具给孩子。孩子在经历过这件事情后会产生相关记忆，并会对自己曾经尝试的各种表达之效果做出评估（语言表达并不能使自己得到喜欢的玩具，但哭闹却可以使自己得到喜欢的玩具），当下一次孩子有了某种需要时，孩子的经验告诉他哭闹的胜算更大，于是哭闹的行为便可能增多。这也是操作性条件作用在生活中的常见实例之一。可见，从学习理论中，我们可以发现，"熊孩子"大多是父母培养出来的，当然父母的这种行为在主观上大多并没有"培养熊孩子"的意愿，但客观上不适当的教养方式却可能产生相应的结果。在亲子教育中，父母的教育方式以及某些应对措施非常重要。

3. 顿悟学习（苛勒）

苛勒在1913年至1917年在非洲研究期间，深入研究了猩猩解决问题的能力，其中"取香蕉"的实验最为有名。猩猩在一个房间里看到房顶上悬挂着一串香蕉，但是它够不到。房内的地上有几只木箱子。面对这样的情境，猩猩一开始试图跳起来抓取香蕉，但是没有达到目的，之后它不再跳了。经过一段时间，猩猩突然走到箱子前站着不动，过了一会儿，它把箱子挪到香蕉下面，跳到箱子上，取到了香蕉。

需要驱动（满足对食物的需要）→感觉（观察房

间内的所有物品）→记忆（关于增加高度的记忆）→表达（提取相关记忆、记忆元素重组、行为尝试）。

学习的联结理论强调学习是在刺激和反应之间形成联结，即刺激所带来的行为变化。而认知理论则强调刺激—反应的中间过程。

著名社会认知心理学家班杜拉的名字常常被与模仿学习放在一起，他的研究主要集中在观察学习、榜样效应和自我效能感等方面。他提出，个体可以通过观察他人的行为及其后果来学习新的行为模式，这种学习方式不需要个体直接经历行为的后果。

需要驱动（满足相关需要）→感觉（观察榜样的言行举止及后果）→记忆（形成相关记忆）→表达（模仿）。

事实上，观察模仿学习可能是最常见、最简单、最基本的学习形式。在模仿学习中，被模仿者的言行举止等就是刺激，而个体对相关行为的模仿就是反应。模仿在婴幼儿中非常普遍，例如，爸爸妈妈反复地对着婴儿说"爸爸、妈妈"，最终婴儿也会逐渐开始出现"爸爸、妈妈"的发声。模仿包括对语言发声的模仿，对行为动作的模仿，对思维的模仿，甚至包括对为人处世等性格维度的模仿。模仿学习在婴幼儿语言功能的发展中有着关键作用。养育者反复与婴幼儿说话，对婴幼儿的听觉产生刺激，会使婴幼儿产生模仿学习，而逐渐开始咿呀学语。如果其中出现父母希望的结果，如婴幼儿叫

第八章 意识的整体理解

出一声"爸爸、妈妈"时,父母的开怀大笑,父母对婴幼儿的称赞、抚摸、拥抱都会成为一种强化因素,使这种声音出现的概率逐渐增加。榜样的力量也是基于此。在学校教育中,对语言发音的模仿,对文字书写的模仿,对解题思路的模仿,对弹奏、画画、跳舞等的模仿,如此种种,都是学习的一种基本形态。

因此,最基本的学习其实就是信息输入、信息存储与信息输出的联结,也是意识信息流与需要程序的联结。这是学习的本质所在。学习的成果是由信息输出,也就是表达来展现的。最基本的学习必然包括模仿与识记背诵,模仿类似于意识中输入什么就输出什么,而识记背诵则类似于把某些重要的内容强化为"记而可忆",可以随拿随用。

学习的概念存在狭义和广义两种,也包括简单和复杂的学习。狭义的学习一般指主动的有目的性的学习,而广义的学习无处不在,一般指任何感觉—记忆—表达的联结。简单的学习一般指再认或回忆,复杂的学习则涉及更加多维多层的复杂联结。

学习是感觉—记忆—表达和个体需要进行联结的过程。学习的本质是意识信息输入存储后的按需有序输出,其中包括表达的所有环节,如记忆提取、信息加工和行为活动。在婴幼儿阶段,模仿学习非常常见,这时的模仿学习并没有特定的需要引导,而经常是无意识的。到了后期,很多学习就会被自己或他人赋予某种动机。古人云"近朱者赤，近墨者黑"，这强调的可能是学习的对象，也即意识的输入信息的重要性。适当的学习动机有利于个体的可持续发展，不适当的学习动机则可能导致个体的认知行为偏差而使其可持续发展变得相对困难。学习的结果有可能使自身变得越来越向好的方向发展，也有可能使自身变得越来越向坏的方向发展，这与个体选择的学习内容和意识界限等多种因素有关。

三、催眠

其实催眠（hypnosis，源自希腊神话中睡神 Hypnos 的名字）在过去很长一段时间里，都被应用在宗教、祭祀以及与迷信神灵有关的一些仪式活动中，但那时并未被称为催眠。因此自古以来催眠就经常被赋予一种神秘的色彩。直到 18 世纪，一位叫梅斯梅尔（Franz A. Mesmer）的奥地利医生才将催眠真正用于对患者的治疗，也的确取得了神奇的疗效，但他将这种现象理解为"动物磁力说"，并不被认同，在当时还被当作骗子。后来催眠被夏尔科（Jan M. Charcot）、弗洛伊德（Sigmund Freud）、艾瑞克森（Milton Hyland Erickson）等逐渐发扬光大，并被逐步赋予了科学的意义。

这里我们先厘清催眠与睡眠的不同，看看催眠与睡眠的区别所在。

通常而言，睡眠时的环境是黑暗、安静的，要尽量减少所有环境刺激，这时个体意识的感觉输入减至最

第八章 意识的整体理解

少。而催眠时的环境一般是昏暗且隔音的,除了来自催眠师的环境刺激(如言语或背景音乐等),其他环境刺激降至最低,这时个体意识的感觉输入主要以催眠师的言语为主。

催眠状态的影响因素复杂,表现各有不同。通常情况下,催眠与睡眠的外在状态有些类似,个体大多都处于眼睑闭合、肢体放松的状态。催眠时,个体以舒适的卧位或半卧位居多。与睡眠状态不同的是,催眠时,个体会对催眠师的言语保持定向感觉和表达,因此个体会在催眠状态时出现一些遵嘱动作或期望状态。催眠状态时的脑电监测也没有发现个体具有特征性、一致性的脑电波变化规律。催眠时的脑电记录与个体在清醒状态时是一样的,与睡眠期间的脑电波并不相同。

从过程而言,催眠是由催眠师主导的一系列过程,其中通常存在必要的放松暗示过程。催眠的大致过程为:首先是前期准备的放松暗示阶段,其次是主要的干预治疗性暗示阶段,最后是准备结束的催醒暗示阶段。而睡眠状态则没有其他的人主导,而是一种生理自发过程,个体身心放松后自动逐渐进入自然的静息状态。

从感觉(输入信息)的角度而言,被催眠者的感官功能并没有全面下降,某些感官功能如听觉仍保持一定的兴奋水平,并指向催眠师的言语或背景音乐,保持接收来自催眠师的感觉信息输入,而其他感官功能则处于一定程度的抑制状态。从催眠开始,基于对催眠师的信任，被催眠者的大脑始终对催眠师的言语等保持开放接收，也就是说，被催眠者的意识对于催眠师言行以外的任何信息相对迟钝，仅仅接受催眠师的暗示指令，进而完成各种催眠动作或催眠治疗。如同欣赏一幅画、一张照片，清醒时，我们可以自由欣赏、自由选择重点、自由想象理解，而被催眠时我们则会按照催眠师的暗示指令去观察图画的某部分或按照催眠师的暗示进行想象理解。有学者提出，催眠产生的两个基本条件是注意的相对集中和周围区域的抑制，凝视和聆听恰恰作用在此。因此，催眠状态下，个体的感觉范围会不同程度地变窄。

从记忆（存储信息）的角度而言，被催眠者会自动持续地将从催眠师处接收到的感觉信息存储到记忆中，并在催眠师的暗示下自动提取自己的相关记忆。因此，个体可能会在一定时间内保持变化，呈现出某种干预效果。

从表达（输出信息）的角度而言，被催眠者会将来自催眠师的各种信息在催眠师的引导暗示下进行加工处理或直接进行复述式表达。被催眠者专注于催眠师的暗示，在进入催眠状态后很容易在诱导下无条件地、不加判断地接受并认同催眠师的引导而相应自动表达。

从需要的角度而言，催眠通常作为一种治疗方法而被用于治疗患者的心理或躯体疾病，当然，在少数情况下也可能被人滥用于娱乐或其他目的。由于被催眠者通

第八章 意识的整体理解

常存在求治动机，加上对催眠师的信任，他们很容易在暗示诱导下接受并服从，达到治疗的预期目标。如果催眠仅仅是催人入眠，那么催眠的意义会大打折扣，因为这仅仅用到了催眠初始的放松暗示技术。催眠最重要的目的在于意识输入，其中包括感觉输入（催眠师的言语、背景音乐等）、记忆输入（被催眠者将感觉信息记忆）、表达修饰（催眠师会提供给患者一个新的信息加工方式或结果，或创设场景，并强化或弱化某种需要），通过这个过程可以使被催眠者产生各种不同程度的治疗变化。催眠本质上是一种对被催眠者的意识输入。被催眠者的心理防御下降，警觉性降低，需要目标明确，专注度增高，加上催眠师的权威性和催眠师与被催眠者良好的工作关系，以及同质性个体增多，相对而言，催眠状态及效果就更容易达成。

大多数人在睡眠时的感受通常是不知不觉，而大多数人在被催眠时也有类似的感受，或者是半睡半醒，表信息程度不同，这可能与个体的意识感觉范围变窄有关。

催眠的本质是一种意识输入，是不知不觉的、指向性的、被动的。但实际上，意识输入无处不在。我们的感觉功能在一生中从未停止，睡眠时感官功能活动水平低下，而觉醒时感官功能活动水平升高，因此，在觉醒状态下，个体会有意或无意地接收各种环境刺激，包括来自他人或群体的。我们感知到的一切，包括但不限于新闻、影视、广告、文化、风俗、教育、演讲、道德、法律等，都属于意识信息输入，其中，我们可以把个体的主动的、有明确目的性的、对感知内容比较明确的信息输入行为理解为学习（前文所说的狭义的学习概念），把个体的被动的、个体无明确目的性的、对感知内容不太明确的无意识的信息输入行为理解为"催眠"。显然这里所说的催眠是广义的。本章之前所论述的催眠一般都是狭义的。这些信息输入中绝大部分都是积极的、非治疗性的，但在我们的社会生活中也存在很多消极负面的信息输入。在广义的催眠中，有人将其中某些现象称为"类催眠"或"清醒催眠"，这仍然可以被纳入催眠范畴，如日常生活中的街头骗术、电信诈骗、传销、邪教组织，以及曾被央视"3·15"曝光的针对老年人的保健品骗销等。例如，当个体（被催眠者）进入传销组织（催眠团体）后，传销组织首先会限制个体人身自由、没收手机、禁止上网和私下交谈等，通过封闭个体的其他接收信息的通道以排除干扰，同时包装演讲者（催眠者），树立权威，使听众信服，还通过赞扬、鼓励、关心来建立关系，并通过同质化的其他个体（陷入传销的其他人）来产生人际影响，经历反复的演讲、掌声和集体生活，最终个体就可能被"洗脑"，最终深陷传销的人可能变得坚信传销可以使自己实现价值变成百万富翁。其整个过程与催眠治疗几乎类似，近些年被社会广泛关注的电信诈骗也是如此。很多人都以为自己会明辨是非、明察秋毫，但很多影响都是在潜移默化、不知不觉中发生的，这个过程也可以理解为广义的催眠。

经过上面的论述，我们应该清楚催眠与睡眠的区别与联系。催眠表面上类似于睡眠，但被催眠者对环境刺激仍保持某些形式的反应，被催眠者似乎只与催眠师保持联系，按照暗示自动地、不加批判地加工处理环境刺激信息，引起记忆、表达的变化，催眠的效果可能延续到催眠完成之后。可见，催眠与睡眠是完全不同的。作为一种心理治疗技术，狭义的催眠是需要被严肃、正确地对待的，不可以娱乐化，不可以将其当作一种表演，不可滥用，应该由经过专业培训、具有相关资质的催眠师实施，并在遵守伦理道德规范的前提下，针对具有明确适应证的相关人群开展。

综上所述，我们可以理解，催眠本质上就是一种意识信息输入，此时个体意识防御加强或解除可以产生不同的影响结果。狭义的催眠通常发生在心理治疗中，而广义的催眠则无处不在。

四、人格

人格"personality"一词，最初源于古希腊语"persona"，该词的原意是指希腊戏剧中演员戴的面具，面具随人物角色的不同而变换，体现了角色和人物性格，就如同我国戏剧中的脸谱一样。心理学沿用面具的含义，将其转义为人格。其中包含了两个意思：一是指一个人在人生舞台上所表现出来的种种言行，即人遵从社会文化习俗的要求而做出的反应。人格所具有的"外壳"，就像是舞台上根据角色要求所戴的面具或脸谱，表现出一个人外在的人格品质。二是指一个人由于某种原因不愿意展现的人格成分，即面具后的真实自我，这是人格的内在特征。综合各家看法，可以把人格界定为：人格是构成一个人的思想、情感和行为的独特模式，其中包含了一个人区别于他人的稳定且统一的心理品质。（彭聃龄主编，《普通心理学》，北京师范大学出版社2004年版，第440页）

关于人格的理论有很多，最有代表性的就是特质理论、类型理论和整合理论。奥尔波特于1937年提出人格特质理论，其认为人格特质分为共同特质和个人特质，而个人特质又包括首要特质、中心特质和次要特质。卡特尔受化学元素周期表的启发，用因素分析的方法对人格特质进行了分析，提出了基于人格特质的理论模型，其中包括表面特质和根源特质，体质特质和环境特质，动力特质、能力特质和气质特质，并提出了乐群性、聪慧性、情绪稳定性、恃强性、兴奋性、有恒性、敢为性、敏感性、怀疑性、幻想性、世故性、忧虑性、激进性、独立性、自律性和紧张性16种相互独立的根源特质。艾森克根据因素分析方法提出了人格的三因素模型，这三个因素是：其一是外倾性，它表现为内、外倾的差异；其二是神经质，它表现为情绪稳定性的差异；其三是精神质，它表现为孤独、冷酷、敌视、怪异等偏于负面的人格特征。艾森克根据上述模型编制了艾森克人格问卷，并在人格评价中得到了广泛的应用。福利曼和罗斯曼描述了 A－B 人格类型，A 型人格的主要特点是性情急躁，缺乏耐心，成就欲高，上进心强，有苦干精神，做事认真负责，时间紧迫感强，富有竞争意识，外向，动作敏捷，说话快，生活常处于紧张状态，办事匆忙，社会适应性差。具有 A 型人格特质的人容易患冠心病。B 型人格的特点是性情不温不火，举止稳当，对工作和生活的满足感强，喜欢慢步调的生活节奏，在需要审慎思考和耐心的工作中，表现会相对比 A 型人格者好。瑞士著名人格心理学家荣格根据"心理倾向"最先提出了内－外向人格类型学说。当个体的兴趣和关注点指向主体时，就是内向人格，主要特点是自我剖析，做事谨慎，深思熟虑，疑虑困惑，交往面窄，有时适应困难。当个体的兴趣和关注点指向外部客体时，就是外向人格，主要特点是注重外部世界，情感表露在外，热情奔放，当机立断，独立自主，善于交往，行动敏捷，有时轻率。现代的气质学说将气质分为胆汁质、多血质、黏液质和抑郁质四种典型的类型。德国心理学家斯普兰格依据人类社会文化生活的六种形态，将人划分为经济型、理论型、审美型、权力型、社会型和宗教型六种性格类型。我国著名医书《内经》按阴阳强弱，把人分为太阳、少阳、阴阳平、少阴、太阴五种类型。

（彭聃龄主编，《普通心理学》，北京师范大学出版社2019年版，第450–484页）

建立一个统一且规范的人格理论模型是非常困难的。

人格的本质可以理解为一种表达风格，尤其是体现在人际交往中的表达风格。从人格的表达风格而言，人格包含两个层次的风格，其一是外显表达的风格，其二是内隐表达的风格。外显表达主要指信息传输过程（表情、语言、行为），其中包括信息传输的数量（健谈与寡言）、速度（急躁与沉稳、冲动与谨慎）、广度（对社交与独处的偏好）、强度（强势与弱势）、准确度（精确与模糊、敏锐与迟钝）、关注倾向（对细节与整体的关注倾向、利己倾向和利他倾向）、精力分配（不同需要的精力分配比例）、包容度（包容与计较）、秩序性（秩序与无序）、统一性（表里一致与表里不一）等。内隐表达主要是指信息加工过程，其中包括信息加工的方法（习惯的算法）、深度（深与浅）、速度（快与慢）、转向性（敏捷与迟钝）、精确性（精准、模糊与错误）、内省力（自我评价、纠错与边界稳定能力）等。这部分在彭聃龄的《普通心理学》中被称作认知风格，其中包括场独立性—场依存性、冲动—沉思、同时性—继时性等认知风格。还有在内隐表达和外显表达两者之间的倾向性，这类似于前述理论中的内、外倾。两者之中，显然外显表达是人格的特征所在，只有此时才

第八章 意识的整体理解

更容易让他人察觉。只有在个体与其他人（包括父母、兄弟姐妹、配偶、子女、同事、朋友、网友、陌生人等）相处时或被人知晓时，其人格才有存在的意义。个体几乎不可能完全不与他人接触，因此人格对几乎所有人都有程度不同的意义。人格是一种在表达方面尤其是人际场合表达方面展现出来的，具有某种倾向性、习惯性和相对稳定性的表现。

人格差异还体现在需要层面具有个体倾向性的稳定性差异，如"不修边幅"是对仪表方面的需求关注较低，"好色"是对性的需求关注较高，"物质"是对物质财富的需求关注较高，"工作狂"是对自身工作的需求关注较高。但这种差异仍然是在表达层面展现出来的。

通常而言，面具是展现给他人看的，因此只有在有他人在场时才更有意义。面具与面具之下的真实内在通常存在着不同程度的差异。有的"金玉其外，败絮其中"，有的"笑里藏刀"，有的"人面兽心"，也有的"表里如一"。有的人只要在他人面前就会戴起面具，有的人在某些自己很在意的人面前才会戴起面具，有的人只是在某些正式场合才会戴起面具。我们需要清楚外显表达与内隐表达两者之间的差异。上述的面具之中，有些是人格的表现，而有些则并非人格的表现。但无论如何，面具与面具之下的真实内在差异越大或呈现差异的时间越长，个体的真实内在就越容易被压抑，这种压抑会对个体产生较大的消极影响，也会对他人产生明显误导。

我们在人际接触中，表达动机方面存在两类倾向。其一是自然展现，即自己内在是什么状态就表现给他人什么状态，这种情况下内外一致性较强，这时的面具透明度很高甚至根本没有戴面具。其二是主动展现，即自己想要表现什么状态就表现给他人什么状态，包括选择性展现或选择性掩饰，可能选择自己擅长或优越的一面展示给他人，也可能选择自己拙于应对或感到自卑的某些部分进行掩饰，甚至可能通过谎言与欺骗，将自己原本没有的积极状态表演出来，或将自己原本恶劣的一面反向表演展示给他人。在这种情况下，个体内外一致性较弱，面具的透明度较低。在甚至会戴多重面具。当然在这种情况下，虽然个体有主动展现的愿望，但基于每个人不同的表现能力，事实上未必如其所愿。前者的自然展现是真实的，表里如一或者表里相近，个体表现出的状态无论好坏，都会比较统一和持久。后者的主动展现是欠缺真实的，表里不一，甚至完全相反，个体表现出的状态无论好坏，都并不统一，难以持久，真实的状况最终都会暴露。但我们需要强调一点，主动展现者的动机未必是恶意的，如完美主义者往往倾向于把完美的一面展示给他人。影视剧中，导演会通过几件事情或几句台词来刻画人物性格，观众会因此留下相关人物的印象；然而在现实生活中，如果我们还以同样的方法去了解和判定一个人，那么可能会被现实"打脸"而付出相当大的代价。"路遥知马力，日久见人心"就是在提醒我们，需要通过足够长的时间去全面了解一个人。因此，了解一个人的人格并非易事。

概括而言，人格是个体在社会生活中表现出来的相对稳定的一种风格，在人际接触时更容易显现，以类似于"面具"的形式表现。不同的人因面具的透明度、种类的差异而千人千面，因此呈现出人格的众生百态。

参考文献

[1] 陈灏珠，林果为. 实用内科学 [M]. 北京：人民卫生出版社，2009.

[2] 戴维·迈尔斯. 心理学 [M]. 北京：人民邮电出版社，2013.

[3] 丹尼斯·库恩，等. 心理学导论——思想与行为的认识之路 [M]. 北京：中国轻工业出版社，2014.

[4] 菲利普·津巴多，罗伯特·约翰逊，薇薇安·麦卡恩. 津巴多普通心理学 [M]. 北京：机械工业出版社，2017.

[5] 郭全红. 睡眠解析 [M]. 北京：世界图书出版公司，2018.

[6] 霍涌泉. 意识心理学 [M]. 上海：上海教育出版社，2006.

[7] 卡尔·马克思. 资本论 [M]. 北京：人民出版社，1975.

[8] 陆林. 沈渔邨精神病学 [M]. 北京：人民卫生出版社，2018.

[9] 罗伯特·费尔德曼. 普通心理学 [M]. 北京：人民邮电出版社，2015.

[10] 彭聃龄. 普通心理学［M］. 北京：北京师范大学出版社，2019.

[11] 施琪嘉. 心理治疗理论与实践［M］. 北京：中国医药科技出版社，2006.

[12] 王庭槐. 生理学［M］. 北京：人民卫生出版社，2018.

[13] 王维治. 神经病学［M］. 北京：人民卫生出版社，2004.

[14] 韦恩·韦登. 心理学导论［M］. 北京：机械工业出版社，2016.

[15] 夏家辉. 医学遗传学［M］. 北京：人民卫生出版社，2004.

[16] 张春兴. 现代心理学［M］. 上海：上海人民出版社，1994.

[17] 张钦. 普通心理学［M］. 北京：中国人民大学出版社，2019.

后　记

　　意识作为一个古老的哲学话题，长久以来被人们讨论，从未停止；而且意识作为一个被看作与物质相对的存在，其重要性也不言而喻。但现有的心理学书籍中一直未对意识进行系统性的阐述。在本书中，我希望尽力搭建一个关于心理学的理论框架，使读者能够更加清晰、立体、完整地理解心理学，这个框架也是本书所论述的意识框架。我试图用最通俗的语言来论述自己对于意识的一些思考和看法，以期受众更广，既能够给专业人士阅读，也能够适合普罗大众阅读。当我们能够理解心理现象的内在本质后，不仅可以更好地理解他人的言行举止和一些社会现象，还能更加容易认识和了解自己、审视自己、修正和提升自己，以更好地影响他人，传播更多的正能量。

　　关于心理学的话题非常多，过去我一直感觉其结构有些散乱。撰写本书，我主要是尝试搭建出一个关于心理学的理论架构，使散乱的结构能够系统化，希望这个理论架构能够使我们对心理学的认识更加深刻。我希望本书能起到抛砖引玉的作用。本书旨在建立骨架，血肉未必丰满，关于细节内容的阐述可能稍显简单，无法做

后记

到深入阐述，读者有需要的话可以进一步研读其他相关专著。

  愿通过表达自己的一些思考和观点，尽些许绵薄之力，为心理学的发展添砖加瓦。由于本人学识有限，书中难免有错漏之处，恳请各位读者及时批评指正！